INTERNATIONAL STANDARDIZATION CASE STUDIES

国际标准化案例研究

顾兴全　著

ZHEJIANG UNIVERSITY PRESS
浙江大学出版社
·杭州·

图书在版编目（CIP）数据

国际标准化案例研究 / 顾兴全著. —杭州：浙江
大学出版社，2023.6
ISBN 978-7-308-24159-5

Ⅰ. ①国… Ⅱ. ①顾… Ⅲ. ①国际标准－标准化－案
例 Ⅳ. ①G307

中国国家版本馆 CIP 数据核字(2023)第 163779 号

国际标准化案例研究

顾兴全　著

策划编辑	吴伟伟
责任编辑	宁　檬
责任校对	陈逸行
封面设计	雷建军
出版发行	浙江大学出版社
	（杭州市天目山路 148 号　邮政编码 310007）
	（网址：http://www.zjupress.com）
排　　版	杭州好友排版工作室
印　　刷	广东虎彩云印刷有限公司绍兴分公司
开　　本	710mm×1000mm　1/16
印　　张	10
字　　数	163 千
版 印 次	2023 年 6 月第 1 版　2023 年 6 月第 1 次印刷
书　　号	ISBN 978-7-308-24159-5
定　　价	68.00 元

前　言

　　2015 年,国务院印发的《深化标准化工作改革方案》明确提出要提高国际标准化水平,鼓励社会组织、产业技术联盟、企业积极参与国际标准化活动,争取在更多国际标准组织技术机构担任领导职务,增强话语权。2021 年 10 月 10 日,中共中央、国务院印发的《国家标准化发展纲要》进一步明确提出标准化工作由国内驱动向国内国际相互促进转变,履行国际标准组织成员的责任、义务,积极参与国际标准化活动,实施国际标准化跃升工程,造就一支熟练掌握国际规则、精通专业技术的职业化人才队伍等。在此背景下,研究并分析国际标准化案例对中国企业参与国际标准化活动,增强我国国际标准话语权和推动国际标准化人才培养大有裨益。

　　本书结构合理,逻辑清晰。本书由绪论、正文和附录构成。绪论主要概述了研究的背景与意义,国内外关于国际标准化与技术优势、国际话语权、产业发展、国际贸易等方面的研究综述,以及研究方法。正文为国际标准化案例及其解析和启示等。正文从国际标准发起者的视角研究分析了 13 个国际标准化典型案例。而且,为了从行业领域整体视角研究分析国际标准化发展,附录以特定行业领域为例比较分析了国内外标准化的发展并提出行业领域国际标准化发展的策略。

　　本书资料丰富,学术性强。案例基本上来自一手资料,基于国际标准化领域的研究成果对案例进行研究分析,旨在基于前人的研究资料解析案例,体现学术研究的严谨性。

　　本书观点独特且具有一定价值,将对我国参加国际标准化活动,企业"走出去"，以及国际标准化人才培养发挥推动作用。

本书可用于高等学校本科生、研究生和教师的教学科研，也可作为广大一线国际标准化工作者的培训用书和相关领域研究人员从事国际标准化工作的参考用书。

本书在写作过程中得到了国家市场监管总局标准创新管理司等的大力支持，在此特表感谢。同时，感谢长期从事国际标准化工作的专家在案例和资料收集方面给予的无私帮助。特别感谢国家市场监管总局标准创新管理司的危浩博士，中国计量大学国际商务专业研究生周璐、阚少杰和本科生张歆等同学在访谈、资料的收集和整理方面的辛苦付出。

当然，本书还存在一些问题。比如，部分案例反映的信息不够丰满，逻辑结构不够严谨，案例剖析不够深入，等等。但瑕不掩瑜，本书还是值得一读。请各位读者批评指正。

顾兴全

2023 年 4 月于中国计量大学

目　录

绪　论 / 1

案例一　市场话语权与国际标准 / **14**

　　从蜂王浆国际标准到蜂产品标准国际话语平台 / 14

案例二　国内标准与国际标准 / **23**

　　从海上结构物行业标准到国家标准再到国际标准 / 23

案例三　小微企业与国际标准 / **30**

　　把独特技术转化为国际标准 / 30

案例四　技术优势与国际标准 / **38**

　　从楼宇对讲系统单个国际标准到系列国际标准 / 38

案例五　市场需要与国际标准 / **47**

　　从相互妥协到相互竞夺通信领域国际标准 / 47

案例六　国际共识与国际标准 / **54**

　　从中药材技术分歧到共识再到国际标准 / 54

案例七　话语平台与国际标准 / 60

　　由技术优势转化成金属和合金的腐蚀话语平台 / 60

案例八　行业术语与国际标准 / 67

　　从模具行业术语到国际公共产品 / 67

案例九　检测方法与国际标准 / 72

　　生丝类检测方法国际标准的竞合 / 72

案例十　科研成果与国际标准 / 79

　　铁矿石测定方法科研成果转化为国际标准 / 79

案例十一　国家标准英文版与国际标准 / 85

　　包装用钢带产品国际标准助力企业"走出去" / 85

案例十二　国产化设备与国际标准 / 91

　　天然气分析方法从采标到创新再到国际标准 / 91

案例十三　高质量产品与国际标准 / 97

　　从钢丝绳技术引进吸收到国际标准制定 / 97

参考文献 / 103

附录 1　石油领域国际标准化案例 / 111

附录 2　标准国际话语权提升的影响因素
　　　　　——基于扎根理论的多案例探索 / 137

绪　论

一、研究背景与意义

随着全球化的发展,单个产品之间的差异化竞争逐步演变成所在行业的标准竞争,控制或影响标准的制修订成为市场竞争新的焦点,标准竞争优势是一个国家(地区)在国际市场竞争中分配到更多利益的重要基础(侯俊军,2014)。国际标准化是以推广本国或本地区标准为主要目的,采取一系列双边或多边的标准化策略,使标准满足其他区域要求的国际化活动(陈源,2016)。由于国际标准的制定权决定了相关产业的主导权,最终内化为一国的竞争优势,因此欧美等发达国家纷纷将科技先发优势转化为标准优势,将标准战略作为强化综合优势的核心战略(肖洋,2017)。

传播力决定影响力,话语权决定主动权,争取国际话语权是我们必须解决好的一个重大问题。标准作为经济社会活动的技术依据、国际竞争最重要的话语体系之一、世界的通用语言,在降低贸易成本、促进技术创新、增进沟通互信等方面发挥着不可替代的作用(罗慧芳,2018;支树平,2015)。但是,标准从不中立,它们反映了制定者的优势和创新点。国际话语权尤其是标准制定话语权代表着一个国家产业的国际市场竞争和价值分配的话语权,拒绝标准化意味着将话语权拱手让给竞争对手。标准竞争的胜利者可以在相当长时期内控制相关技术发展方向和市场创新方向,对国际市场产生广泛的控制力和行业领导力。

在高技术时代,标准战(standard war)将会变得越来越常见,一个公司将其企业标准上升为行业统一标准是其技术实力的具体体现,是决定这个公司长期竞争地位和赢得竞争优势的关键(Hill,1997)。制定标准对于企业的影响无疑是巨大的,企业率先制定标准,率先推向市场、规范市场,一旦其标准为市场所接受,企业就获得了在国内、国际市场"攻城略地"的强大武器(Shapiro,Varian,1999)。在此背景下,越来越多的企业将标准之争看作话语权竞争,掌握了标准,就意味着率先拿到了市场的入场券,进而从中获取巨大的经济利益(Stango,2004;Farrell,Simcoe,2012),甚至成为未来行业发展的定义者。

标准竞争通常在新产品与老产品之间更容易发生,新产品进入市场后,技术体系与老产品不兼容从而引起新老标准之间的冲突,但是,标准竞争的获胜者将获得赢者通吃(winner-take-all)的机会,从而形成巨大的市场优势(Stango,2004)。各国已经把将本国标准上升为国际标准作为维护国家经济安全、提升本国企业国际竞争力的重要手段。由于标准制定背后牵扯巨大的利益,制定标准的各方通常会围绕多个方面展开博弈(Farrell,Simcoe,2012)。

中国提高国际话语权需要多维发力,多领域综合提升(孙吉胜,2019、2020)。从世界范围来看,谁掌握了标准,谁就掌握了现在和未来;谁掌握了标准,谁就掌握了国际话语权(王楠楠,2011)。然而,国际话语权不仅取决于其拥有的资源,更有赖于对现有资源的充分运用能力,对国际议程议题的选择与把控能力无疑是一国国际话语权的重要内涵(陈正良,2016)。各国针对国际话语权展开的竞争,实质上是国际标准制定中的话语权竞争(张志洲,2017)。

当内需不能满足中国企业时,"走出去"战略就成为必然选择。当中国标准为国际所认同和接受,中国企业参与海外竞争的空间和地位都会得到明显改善,在产业链上能占据更有利的地位(王楠楠,2011)。国际标准化有助于推动中国装备制造"走出去",不仅能促进海外市场扩张与价格提升,还能促进上下游装备制造业的出口联动(刘淑春,2018)。

国际标准化研究是本书的基础。从国内外的研究现状来看,基于案例角度系统探究国际标准化影响因素的研究较少。本书从国际标准与市场需求、技术创新、产业发展、综合国力、国际话语权、国际贸易,以及产品和服务"走出去"等方面,对国际标准化案例进行了全面剖析,系统探寻了其成功的经验和启示,为我国提升国际标准化水平和推动中国产品和服务"走出去"寻找理论基础,从理论和实践角度解决现实问题,这是本书的意义所在。

二、国内外研究综述

改革开放 40 余年,中国经济迅速发展,1978—2020 年,我国 GDP 年均增速 14.3%,对外贸易年均增速 18.1%。对外贸易在我国经济发展中所占的比重越来越大,我国出口对经济发展的拉动率达 29.72%。江振林(2010)认为中国作为众多工业品和高技术产品的需求大国,理应是标准大国,但因起步较晚、标准战略缺失、标准体系不完善等诸多因素,中国在国际标准竞争中处于非常被动的位置。要改变这一状况,中国应该充分利用需求方市场所具有的潜力来制定基于需求方的标准战略。

标准最早用于解决柠檬市场的信息不对称问题,在 2003 年被纳入国际贸易研究的范畴。以发展中国家为研究对象,Hudson、Jones(2003)发现,标准作为产品质量的信号,能显著减少信息不完全导致的逆向选择问题,能显著扩大发展中国家的贸易规模。Mangelsdorf(2011)研究发现,中国采用国际标准会促进欧盟的海外市场扩张,因为采用国际标准在很大程度上减少了各国之间产品标准的差异,使得消费者需求趋同,进一步促进各国的出口市场扩张。他还论述了技术标准在欧盟与中国双边贸易关系中的作用。结果表明,中国国家标准对欧洲出口具有负面影响,而中国国际标准对欧洲出口具有正面影响。基于这些结果,中国和欧盟都应该努力协调国际标准。对单个产业而言,研究者研究了国际标准对于电器产品贸易的影响,结果发现国家标准和国际标准促进了国际市场上电器产品的贸易流动,而相比一般的制造业产品,电器产品从国际标准化中受益更多,高新技术领域的产品更容易因为国际标准而提高市场占有率。根据世界贸易组织《技术性贸易壁垒协议》(WTO/TBT 协议),若某一领域已有国际标准,各成员方在该领域拟定本国(地区)标准时应以国际标准为基础。我国应重视市场需求与国际标准接轨,进而扩大我国产品在国际市场上的份额。

技术优势有助于国际标准的制定,进而在国际市场上掌握标准制定权,提高核心竞争力。由于信息、市场结构以及外部性等原因,在技术的有效扩散路径上经常存在"市场失灵"的问题,将技术及时转化为国际标准不仅能够降低成本,在信息不对称和市场失灵的问题上,也能够提供较好的解决方案。Stoneman、Diederen(1994)认为,标准化是解决技术扩散过程中市场失灵问题的有效方法。当前,国际公认"技术专利化、专利标准化"是促进对外贸易和经济增长的重要方法,以此来看,技术优势是获取国际标准制定权不可缺少的因素。欧美国家能够在一段时间内垄断市场,是因为根据比较优势理论,它们在技术密集型产品的生产方面拥有技术优势,技术成熟后将技术渗透在国际标准的制定过程中,进一步降低生产成本,形成规模经济和学习效应,从而持续占领市场,积累财富。国际标准和技术优势又存在内生性问题,国际标准的制定反过来也会促进技术的发展。Wakke、Blind、deVries(2015)研究发现,标准变更速度越快的部门,技术创新速度越快,标准缩短了技术创新与技术扩散和应用之间的时间差。Blind、Mangelsdorf(2016)研究发现,随着科学技术的发展,寻求技术创新成为企业参与标准制定的主要动力,尤其是机电产品企业,标准化最根本的动机就是获得外部知识以及改进技术。Nagano、Fukuda(2018)认为,二战后日本建立了产品认证体系,将各种现有标准纳入日本工业标准(JIS),通过 JIS 标准提高日本企业产品质量、消除不良产品、保护消费者,以支持日本经济高速增长和促进出口产品的大规模生产。我国学者对此也做了研究,江振林(2010)认为,一旦标准完全确定,标准竞争的结果将对标准发起企业及其上下游企业的核心竞争力产生深远影响,技术标准化作为一种选择机制,将使企业沿着由标准确立的技术轨道积累技术能力,形成技术优势。杨丽娟(2013)用技术标准数量对技术标准进行量化测度,实证分析了国际标准对我国对外贸易的影响,发现国际标准对我国的进出口贸易产生了积极影响,对出口的正面影响更加显著。陶爱萍、沙文兵、李丽霞(2014)基于对12 个国家 1994—2011 年的国别面板数据的估计结果认为,在一定程度上,技术标准对于进口和出口都有促进作用,但是,技术标准和进出口之间的关系总体上呈现倒 U 形的特征。陶忠元、薛晨(2016)认为技术的更新换代不仅能够带来产品升级，也推动着标准化的范围扩展和水平提升，标准化建设与技术创新保持协同发展才能形成产业成长的加速效应。陈也(2019)发现优势技术的国际标准化会带来明显的外部性和网络效应，企业的信息搜索成本和产品开发与推广成本降低，生产效率提升。同时，创新产品在技术的推动下，能占领更大的市场份额，巩固竞争优势，进而实现收入增长。但是，有学者提出，国际标准对于技术的发展不仅有促进作用，发展到一定程度也会造成贸易壁垒。但是国际标准真正的价值在于促进科技创新与国际贸易，对国际贸易造成的壁垒则是次生的，而且在国际市场上，国际标准很可能代表的是通用性较强而专业化程度不高的技术水平，依据此国际标准生产出来的产品可能技术复杂度较低，对采用该国际标准的国家的技术发展产生阻碍作用。优势技术转化为国际标准是必然趋势，掌握了核心技术，就掌握了国际标准制定的主导权，国际标准的制定对技术的发展也有反向促进作用，因此，大力发展技术，促进技术创新，对于我国掌握国际标准制定权，提升国际影响力，调整产业结构具有重要意义。

产业水平的提升会受到国际标准的影响，采用统一的国际标准对于各国产业互联互通具有促进作用。龚艳萍、周亚杰(2007)认为国际标准化水平可以显著促进产业国际竞争力的提升。郭晨光(2011)研究了国际标准支撑产业发展的三条路径：一是在现代化大生产条件下，作为评判产品合格与否的依据，国际标准与各国产业政策结合，成为调整产业结构、淘汰落后产能的重要手段；二是在经济全球化条件下，国际标准化作为创新技术产业化、市场化的关键环节，成为抢占经济、科技竞争制高点的重要环节；三是在世贸组织框架下，国际标准与技术法规、合格评定程序共同构成技术性贸易措施，成为促进贸易和保护产业及安全的重要工具。英国经济与商业研究中心调查显示，标准发展能够促进新一代信息技术产业领域的创新，推动科研领域的研究成果更快产业化，提高创新成果的转化速度。标准发展对信息技术产业的影响几乎是最大的，将提高41%企业产品和系统的互操作性，提高48%企业的生产率，通过提高供应商的产品和服务质量，改善70%企业的供应链，向所有公司提供有用的技术信息。在劳动力分工方面，国际标准通过调整国际分工进一步促进产业发展。在传统的国际分工体系下，部分发展中国家由于经济实力较低,技术水平不够先进,通常生产劳动密集型产品,在参与发达国家主导的国际分工时,经常受到国际标准的制约,长期依赖发达国家的技术创新,而忽略自身技术的创新发展。王彦芳、陈淑梅(2017)研究发现,近年来发展中国家日益重视 ISO 国际认证,通过对接国际标准,逐步融入全球价值链生产体系,打破传统的国际分工格局。陈尚(2020)提出要把国际标准化放在更加突出的位置,以国际标准来推动产业技术进步,形成新的竞争优势;用国际标准倒逼产业转型升级,促进产品质量提高,同时也引领整个产业的良性竞争和发展。各国通过参与国际标准化活动,加强与其他国家专家的联系,掌握更多的技术信息,研究和分析国际标准化的发展趋势,为国内产业的发展提供技术指导。我国按照这一思路,在国际标准立项前就密切跟踪,积极参加国际标准的讨论和试验验证,并结合国内产业的发展,积极提出针对我国产业发展与转型的问题修订方案,助力产业结构调整。侯俊军、邵雅仪(2021)提出国际标准在全球格局重构和产业布局调整中的作用日益彰显。采用国际标准的程度不同对出口技术复杂度的影响存在差异,同时不同要素禀赋行业中采用国际标准对出口技术复杂度的影响不一。Blind、Mangelsdorf(2016)认为工业化的推进和新技术的涌现使得技术标准制定成为各工业部门实现长期发展的必要途径。综上所述,产业发展优势对于一个国家掌握国际标准制定权具有积极影响,但是连续多年采用国际标准的国家的产业会有不同表现。如果采用的国际标准年代较为久远,会使得产业的生产制造活动僵硬,使企业失去技术提升的动力,因此国际标准要及时修订,紧跟技术创新发展的速度。

Swann(2010)认为国际标准能为最新技术产品和服务拓展市场,进而帮助厂商发展规模经济,并使其业务国际化,提高市场地位,带动产品和服务"走出去"。侯俊军、张冬梅(2009)认为出口中间产品额与标准存量存在着高度正相关关系,随着标准化的深入,中间产品的进出口都会随之增加。Blind、Petersen、Riillo(2017)关注技术专利到技术标准的转化过程,研究提出如果企业具备战略意识,在技术标准化之前申请相关专利能够带来竞争减少、价格上升等诸多好处,进而占据市场领先地位。王亚军(2017)认为"一带一路"倡议兼具区域合作、国际协议等特点,这为中国产品和服务"走出去"创造了历史机遇。出口是企业"走出去"的重要方式,通过与国际标准的对接,中国产品出口将更加通畅,中国企业在"一带一路"建设中的影响力将得到显著提升,最终助力中国产品和服务"走出去"。刘淑春、林汉川(2017)实证分析了"标准化十"、国际标准化分别对中国电力装备、通用装备、通信装备、交通装备"走出去"的影响。研究结果表明,除通信装备外,"标准化十"与其他三类装备制造"走出去"的关系并不是简单的线性关系,而是更为复杂的倒 U 形关系,或者说国际标准的影响具有"两阶段性"。陈尚(2020)认为我国未来将从国际标准与合格评定体系中获益,从而促进产品技术的发展和国际贸易的顺利进行,实现产业发展并促进产品与服务"走出去"。李上、鲁鹏、周歆华等(2021)认为国际标准适用于特色优势产业标准与品牌"走出去",以打造国际知名品牌、提升产业国际竞争力、争夺国际话语权为重心,促进产品与服务"走出去"。我们需要关注企业所处的外部环境,这关系到国际标准化作用的发挥。有研究发现在高不确定性市场上,国际标准能够促进企业创新效率的提高,但是在低不确定性市场上则相反。总之,国际标准可助力各国产品与服务"走出去"。一方面,国际标准是促进国际贸易的一个重要因素,通过减少贸易中的信息不对称、简化商品结构促进国际贸易发展;另一方面,国际标准可以从整体上缩小技术差距,各国标准的差异可能导致某些国家的技术掌握时滞更长,国际标准统一之后,各国产品结构均可满足国际市场需求,所以标准一致性能够扩大国际贸易范围。

美国国家标准学会(ANSI)在《美国标准化战略》中指出,国家的综合国力和发展水平在掌握国际标准制定权中扮演非常重要的角色。通常,一国先进的技术申请为专利可能影响国内企业的发展,但如果这项技术上升为国际标准,成为产业发展的秩序和规则,就会影响一个行业的发展水平,甚至一个国家的综合国力。Clougherty、Crajek(2008)认为政府推动国际标准化是发展中国家解决其出口中存在的信息不对称、合规能力低等问题的必然要求。张米尔、游洋(2009),陶爱萍、沙文兵、李丽霞(2014)认为在我国国际标准化水平较低的情况下,由政府引导企业自主创立标准能够充分发挥"大国效应"。值得注意的是,王平、侯俊军(2017)认为政府的定位会随着市场化改革而发生变化,中国标准化机制由政府治理到民间治理的转变就是例证。侯俊军、张冬梅(2009)认为大力推进国际标准制定工作,已成为发达国家抢占未来国际竞争制高点的重要手段,发达国家凭借先进的技术、强大的资本提升综合国力并以此占据国际标准的制定权。我国也在大力发展制造业,提升综合国力。王彦芳、陈淑梅(2017)认为高铁、核能等高端制造业的迅速发展促使我国从"制造"向"标准"、从跟随向引领转变。截至 2016 年底已有 189 项中国标准提案成为国际标准。叶萌、祝合良(2018)发现我国商贸流通业标准化水平与国际竞争力和综合国力存在长期稳定关系,标准化水平提高有利于国际竞争力的提升,进而提升综合国力。陈也(2019)研究发现综合国力和企业的国际标准化活动水平会对技术标准化过程和结果产生不同程度的影响,企业的产品开发、企业间合作、竞争优势等会有效促进综合国力的发展,进而对本国掌握国际标准制定权产生影响。进入数字经济时代,陈良辅、李宁(2021)认为"十四五"时期是我国贯彻新发展理念、加快构建新发展格局的关键时期,数字贸易标准化工作应立足新阶段,以数字贸易高质量发展为导向,不断适应完善新形势的数字贸易标准体系,提升综合国力,积极参与全球数字贸易规则与标准的制定,为全球的数字贸易标准化建设提供"中国标准",推动我国由数字贸易大国逐步向数字贸易强国迈进。因此,综合国力与国际标准之间存在相互作用,国家可以凭借强大的综合国力赢得国际标准制定权,使本国技术渗透各个国家,从而掌握国际标准制定的主导权;而在掌握了国际标准制定主导权之后,国家可以进一步提升本国的国际话语权,这对于增强本国的综合国力有重要的促进作用。

2001—2017 年,我国在国际标准化组织(ISO)和国际电工委员会(IEC)的主席和副主席人数从 4 人增加到 67 人,承担秘书处从 6 个增至 85 个,已发布的国际标准从 23 条增加至 452 条,提案通过率稳步上升。张书卿(2016)研究发现,从各国企业的国际标准化活动参与情况来看,标准竞争已经上升到国家竞争层面,所以必须积极开展国际标准化活动水平相关理论研究,用以指导国内企业实践活动。以英、美、法、德等发达国家的国际标准化活动为例,它们积极承担国际标准化组织的技术委员会(TC)和分技术委员会(SC)秘书处,对国际标准化组织有事实上的控制权。这有利于主导和控制新技术标准的制定,将国内标准变为国际标准,进而提高本国相关企业产品的国际竞争力,迅速占领市场、扩大规模,获得超额利润,最终促进企业和行业经济效益增加。刘淑春、林汉川(2017)认为应使用国际标准制定和实施的数量作为标准化水平的衡量指标,使用中国实际承担国际标准化组织和国际电工委员会的全国专业标准化技术委员会和分技术委员会秘书处的数量作为国际标准制定和实施数量的代理指标。回归分析证明,承担秘书处的数量与国际标准化水平呈显著正向相关关系,也就是说秘书处的设置数量对掌握国际标准制定权和参与国际标准化活动有正向影响。陈也(2019)发现,企业可以通过担任标准化组织管理机构的官员(如主席、副主席等)、承担组织秘书处工作、参加或承办标准化技术会议、主持制修订国际标准等方式参与国际标准化活动。张华、宋明顺(2021)发现,京津冀地区企业承担的相关产品国际标准化秘书处的数量约占全国的40%,且京津冀地区产品出口较为稳定,出口额逐年上升,这在一定程度上反映了其他国家对这些产品所内含的中国标准的认可度与应用度不断上升。由此,承担秘书处对于掌握国际标准制定主导权,扩散本国技术,扩大本国产品的国际市场份额有重要影响,我国应积极参与国际标准的制定工作,提升自身实力,在国际标准制定中拥有更多话语权。

根据国内外学者的研究,国际标准对于国际贸易的影响呈现双面性。部分学者认为国际标准是现代经济的"经络",有利于增加信息透明度和产品兼容性,降低交易成本,扩大国际贸易并改善社会福利。Swann(2010)研究了英国83个生产部门贸易运行情况与国际标准数量之间的关系,发现允许产品零部件兼容性更大的话,国际标准能够促进产业内贸易。Das、Donnenfeld(1989)发现,标准化之所以能积极地促进进口和出口,是因为国际标准能消除技术性贸易壁垒、减少交易成本,从而有利于国际市场的运行。Hudson、Jones(2003)将柠檬市场和信息不对称结合在一起引入贸易领域,并强调了国际标准对于发展中国家贸易的促进作用。尽管采用国际标准不能彻底消除贸易中的信息不对称问题,但依然是发展中国家参与全球贸易竞争时值得考虑的重要方式。David(1987)进一步探讨了国际标准对欧盟电子产品贸易的影响,并认为这些国家从标准的一致性中获益最大。杨丽娟(2013)利用中国1990—2008年的时间序列数据检验了国家标准、国际标准对进出口贸易的影响,并同时考察了贸易额与标准量之间存在的长期和短期均衡关系。结果发现,国家标准和国际标准对中国进出口贸易的发展均产生了正面影响,并且后者的影响更为显著。陶忠元、马烈林(2012)通过实证研究发现国际标准化有助于中国汽车产品出口竞争力的提升。彭支伟、张伯伟(2012),许培源、朱金芸(2016),Kikuchi、Yanagida、Vo(2018)考察了出口国安全标准的贸易促进作用。周益海、胡强、徐文海等(2014),曾勇、张静中(2017)通过引力模型检验区域经贸合作在促进机电产品出口贸易方面的实际效力,发现贸易自由化政策有利于合作国之间机电产品出口贸易的增长,只是在促进程度上存在国别差异。崔璨、蒙永业、王立非等(2019)认为中国标准国际一致性程度对货物贸易进出口流量均有正向影响,中国标准国际一致性提高1个单位,货物贸易出口额相应增加0.395408个单位,货物贸易出口额相应增加0.347462个单位。董琴(2021)以中国制造业为例,从横向的出口技术复杂度升级和纵向的出口产品质量升级两个不同视角,探讨了技术标准与出口升级的相关关系,并考察技术创新在技术标准影响出口升级中的重要作用。另外,标准催生了以技术为隐形条件的非关税壁垒,阻碍了国际贸易的顺利进行。Fisher、Serra(2000)专门研究了标准的贸易保护效果,认为政府制定的最小标准即使表面非歧视,也是具有贸易保护性质的。周华、严科杰、王卉(2007)基于价格楔方法研究了欧盟《关于限制在电子电气设备中使用某些有害成分的指令》(RoHS)对上海市机电产业的影响,发现RoHS对上海市机电产业构成了严重的贸易壁垒。Disdier、Fontagńe、Mimouni(2008),王瑛、许可(2014)研究了进口国安全标准的贸易保护和限制作用,而且以发展中国家向发达国家的出口为主。中国欧盟商会指出,中国在采用国际标准方面的效率有待提高,在中国境内经营的欧盟企业仍然面临长期存在的市场准入壁垒,国际标准化就是这些壁垒中的一种。赓金洲、赵树宽、鞠国华(2012)研究发现,国际标准的“简约化”原则认为,国际标准通过限定产品型号、规格等特征参数减少产品种类;企业为减少国际标准的国际遵循成本又不得不放弃出口多元化,这降低了产品和技术的多样性,阻碍了国际贸易的发展。国际标准可以替代关税、配额等传统贸易保护措施形成一种隐性贸易壁垒。对此,陈淑梅(2021)通过模拟分析贸易自由化的经济效应提出,即使在工业部门,自由化的空间依然很大,即反向证明了隐性贸易壁垒的存在。例如欧盟CE标志等产品认证制度在给消费者提供健康安全保护的同时,无形中形成了技术性贸易壁垒。近些年来,对于国际标准与国际贸易的研究更加全面。Shepherd(2007)认为国际标准真正的价值在于促进科技创新与国际贸易,而对国际贸易造成的壁垒则是次生的。不同于关注单个国家,Clougherty、Grajek(2008)以经济合作与发展组织(Organization for Economic Cooperation and Development,OECD)国家整体为样本,通过实证研究提出发展中国家增加 ISO 9000 认证对于其向发达国家的出口贸易存在显著贸易促进效应,但发达国家的 ISO 9000 认证对相关国家间的双边贸易几乎没有影响,这一结果表明标准化的贸易效应存在国别差异。Portugal-Perez、Reyes、Wilson(2011)分别以 OECD 国家和欧盟国家为研究对象,检验了国家标准、国际标准对电子产品出口的正面效应。陶忠元、马烈林(2012)进一步区分了国家标准的短期与长期贸易效应,提出长期内国家标准增加将促进中国出口贸易,短期则相反。除了贸易规模,侯俊军、张冬梅(2009),邓兴华、林洲钰(2016)从贸易条件和二元边际角度研究了国际标准化对各国贸易发展的深层次影响。在中观层面,学者重点关注国际标准在农产品、机电产品等行业进出口贸易中的作用,因为在这些行业,产品的质量、安全性和技术规格直接决定其能否在世界市场上流通,国际标准的"双刃剑"效应尤为明显。王彦芳、陈淑梅(2017)认为国际标准对中间品贸易的促进作用存在门槛效应,即当人均 GDP 高于 11000 美元时,提高双方国际标准的渗透强度将促进中间品贸易,否则不然。我国人均 GDP 低于门槛值,在参与发达国家主导的国际分工时,将受到国际标准的制约。Kikuchi、Yanagida、Vo(2018)提出标准一致性的贸易效应在不同收入水平国家的表现存在差异,低收入国家无法通过国际标准认证来增加出口。赵驰、戴阳晨(2021),张虓邦(2020)发现绿色贸易壁垒对中国机电产品的出口有负面影响,当进口国是发达国家时,这种负面影响会加大。此外,胡娜(2016),江涛、韩霓(2017)考察了中国或进口国的技术标准和技术专利对中国机电产品出口的影响,其结果均为正向。实证方面,王彦芳、陈淑梅(2017)基于洛尔斯构建的理论框架考察了国际标准对中间品贸易的影响。Blind、Mangelsdorf、Niebel 等(2018)则在区分总量贸易和增加值贸易的基础上,对国际标准在欧洲区域价值链构建中的作用进行了数据检验,两种不同视角的研究均发现对接国际标准有利于相关国家逐步融入全球价值链,改变传统国际分工格局。中国经济要走出去,实现"一带一路"共商、共建、共享、共赢,国际标准将成为联通"一带一路"的重要举措,是"一带一路"建设的基础设施工程。蒙永业(2019)提出"一带一路"共建国家以发展中国家为主要力量,但许多国家甚至尚未建立本国标准化体系,或标准化力量相对薄弱。在这些尚未建成标准化体系的国家中,大多数采用欧美标准,要想使其采用中国标准存在很大的困难,这给中国国际标准化带来了种种挑战。同时,陈良辅、李宁(2021)提出"一带一路"共建国家和地区存在巨大的数字服务需求,数字贸易增长潜能巨大,但相关国际标准滞后成为制约其发展的主要原因。基于上述研究,国际标准与国际贸易之间存在促进作用和抑制作用。一方面,国际标准使得各国消除标准差异,消费者消费偏好趋同,生产者降低生产成本,提高生产效率,国际贸易流量增加;另一方面,国际标准在一定程度上形成了贸易保护效应,限制了市场准入。此外,国际标准的"简约化"原则认为国际标准降低了国际市场上流通的产品的多样性,进而阻碍了技术的创新和国际贸易的发展。

从宏观角度看,国际标准的制定权和话语权正成为发达国家和发展中国家国际竞争的焦点,对国际标准制定权和话语权的争夺在某种程度上也是对经济发展主导权的争夺。《光明网》报道,中国在新一代信息技术标准领域的国际话语权较低,原因在于中国提交国际标准化组织和国际电工委员会,并正式发布的国际标准占比仅为1.58%,承担的秘书处数量少于德国、美国、日本等发达国家。林洲钰、林汉川、邓兴华(2014)认为在企业标准化建设地位日益提高的过程中,技术创新能力直接影响其在国家标准制定中的话语权。倪光斌、周诗广、朱飞雄(2016)认为采用国际标准和国外先进标准,是我国一项重要的技术经济政策。积极参与和主导国际标准的制定,有利于我国融入全球化的标准体系,增强我国在国际舞台上的话语权。陈也(2019)认为制定国际标准开发战略,为企业培育标准化人才,提高企业在国际标准化活动中的参与水平,切实提高企业在标准化组织中的话语权等,是我国扩大国际影响力的关键措施。欧盟等其他主要经济体也纷纷积极探索制定数字贸易相关标准,以期获得国际标准制定的话语权。陈良辅、李宁(2021)提出国际标准品牌的重要性,即通过国际标准的品牌效应提升我国企业或产业的国际竞争力与国际话语权。根据以上分析,国际标准与国际话语权密不可分,我国实施标准化战略,其中的重要举措就是提升企业的标准制定能力,大力提升技术水平,争取国际标准的制定权,以此拥有更多的国际话语权。

三、研究方法

本书采用单案例研究方法分别对 13 个国际标准化案例进行了深入、系统的调查研究和分析,每个国际标准化案例聚焦于一个研究对象,并对每个案例进行最大程度的社会化还原。在案例的启示和解析中,概括出每个案例在不同阶段的关键事件,提炼出核心概念及其逻辑关系。最后着重对案例进行总结、归纳,深度挖掘理论贡献,提升理论的普适性,提出创新性和揭示性的结论。

另外,本书在对国际标准化进行单案例研究的基础上,运用扎根理论对国际标准话语权提升的影响因素进行了多案例探索研究(顾兴全,2022),进一步识别了影响国际标准话语权的因素,探讨了国际标准化产生的效益。在此基础上构建了国际标准话语权影响因素模型,发现国际标准化的主要驱动力来自市场、技术和行业发展,国际标准的发起者带有明显的获利动机,但国际标准化的效益不仅反映在国际标准的发起者或主导者,而且反映在国家和行业发展方面;并且承担技术委员会和分技术委员会秘书处工作对国际标准议题的选择和议程的控制均有正面积极的影响。本书从国际话语权视角将"标准提案"和"标准制定过程"扩展为"国际标准话语议题"和"国际标准话语议程",以此来解释为何要积极将本国的技术优势转化成国际标准,为揭示国际标准制定权竞争的本质提供了新视角和新方向。

案例一　市场话语权与国际标准

从蜂王浆国际标准到蜂产品标准国际话语平台

ISO 12824:2016 是由我国历经 8 年时间主导制定的国际标准。案例从标准发起者的视角,介绍了蜂王浆生产企业在产品出口过程中面临技术性贸易壁垒问题时争夺国际标准话语权的全过程,具体描述了《蜂王浆 规范》国际标准提案的提出、立项过程和各国围绕国际标准技术内容的多个方面展开的博弈,强调了事实、数据、研究和验证等在国际标准制定中的重要性,以及蜂产品标准化技术组织与各参与国利益争取、相互沟通协调的细节。蜂王浆等蜂产品生产企业在面临技术性贸易壁垒时是如何成功应对的?

【案例详情】

2016 年,由我国主导制定的 ISO 12824:2016《蜂王浆 规范》国际标准正式发布,标志着我国在蜂产品国际标准化方面取得重大突破。

我国是蜂王浆主产国,产量占全世界的 80％—90％,其中相当大一部分出口到国外,而国外有关蜂王浆的技术法规或标准常常制约着我国蜂王浆的出口。在蜂王浆相关产品的国际诉讼案件中,90％以上都与我国蜂王浆生产企业有关。国外技术法规或标准对蜂王浆的特性、工艺、生产方法、术语、符号、包装、标志或标签等方面提出强制性要求,因此,其对我国出口蜂王浆形成技术性贸易壁垒。除了蜂王浆,我国出口的蜂蜜、蜂胶、蜂花粉等其他蜂产品也面临同样的问题。

早前,中国蜂产品在国际市场上价格低,且声誉不佳。在国外消费者眼中,中国蜂产品曾经是"劣质产品"和"问题产品"的代名词,因此,我国亟须通过国际标准来规范市场和减少产品质量信息不完全导致的逆向选择问题,进而树立我国蜂产品的国际形象。蜂王浆是我国重要的出口产品之一,如果没有一个国际标准,我国企业经常会遇到不公平贸易待遇问题。但是,如果由进口国来主导制定国际标准,那么我国蜂产品在国际贸易中也会面临不利状况,既可能导致我国在蜂产品定价上失去话语权,也可能为我国蜂产品的出口设置更多技术性贸易壁垒。

另外,不仅要通过国际标准来打破国外对我国蜂产品的技术壁垒,更重要的是通过国际标准来倒逼中国蜂产业转型升级和蜂产品质量提升。20世纪八九十年代,国家通过养蜂来实现精准扶贫,蜂产业发展得红红火火。但是,传统的养蜂方式往往只追求产量,对蜂产品的质量要求不高。为了追求产量,蜂农让蜜蜂每天采蜜。蜜蜂频繁采蜜,易生病。蜂农在蜜蜂生病后,常常用药方法不当,导致蜂药残留和农药残留超标,蜂产品质量下降,造成消费者花了很多钱但不一定能买到好的产品。因此,我国蜂产品在市场上的认可度较低且卖不出高价,从而使得蜂农虽然付出了辛勤劳动,但收入不高,形成了恶性循环。

随着我国经济社会由高速增长阶段迈入高质量发展阶段,消费不断升级,消费者对高质量蜂产品的需求急剧增加。在这个大背景下,中国蜂产业发展需要转型升级和提升蜂产品的质量。由于消费者对国内蜂产品的质量信任度较低,而且普遍认为国外的蜂产品比国内的好且质量有保证,因而我国市场上一大半蜂产品都是进口的。实际上,国内也有很多优质的蜂产品。如果要改变我国消费者对国内蜂产品是"劣质产品"或"问题产品"的认知,那么就需要通过国际标准来规范蜂产品消费市场,恢复消费者对国内蜂产品质量的信心。假使我国的蜂产品能够按照国际标准进行生产,那么其质量和生产方式都会得到较大改善,这对于推动我国蜂产品在全球的销售有重要意义。

由此,我国及时提出了《蜂王浆 规范》国际标准提案,这是我国提出的第一个有关蜂产品的国际标准提案。通常,国际标准制定工作由国际标准化组织相关领域的技术委员会或分技术委员会组织完成。在我国提出这项国际标准提案的时候,国际标准化组织还没有专门的蜂产品技术委员会和分技术委员会,相关领域的技术委员会只有 ISO/TC 34 食品标准化技术委员会。为此,ISO/TC 34 成立了工作组 WG 13,专门负责这个国际标准新工作项目。尽管《蜂王浆 规范》国际标准的发起者试图通过主导国际标准的制定来提升中国蜂产业的标准化水平,进而提高自己的产品质量,打破国外技术性贸易壁垒,但是由于蜂王浆国际贸易比较活跃,相关利益国家比较多,因此,要制定国际标准是非常不容易的。

虽然蜂王浆的主要生产国是中国,但主要消费国家和地区是日本、欧盟、非洲、北美等。因此,当 2008 年我国发起制定《蜂王浆 规范》国际标准时,许多国家和地区对新提案很感兴趣。按照《ISO/IEC 导则 第 1 部分:技术工作程序》中的相关要求,国际标准新工作项目立项需要至少 5 个国家参与。《蜂王浆 规范》国际标准提案得到了 13 个国家的积极响应,再加上中国是蜂王浆的主要生产国,因此,我国提出的《蜂王浆 规范》国际标准提案顺利通过了立项。

参与制定这项国际标准的亚洲国家有日本、泰国,欧洲国家有意大利、法国、匈牙利、德国等。印度也曾表示愿意派专家参加,但后来因费用问题没有来参会。最终,包括中国在内的 8 个国家的专家共同制定了这项国际标准,并在制定过程中发挥了各自的作用。

初始国际标准草案采用了与我国国家标准相同的架构,即规定了蜂王浆的相关定义,以及基本要求,如生化指标、理化指标、检测方法、储存条件等。通常,基于国家标准来制定国际标准,会大大缩短国际标准制定的周期。但是,《蜂王浆 规范》国际标准的制定花费了 8 年时间,这是为什么呢?主要是由于各国在一些技术问题上存在分歧,在解决技术分歧上花费了大量时间,因而《蜂王浆 规范》国际标准的制定周期被大大延长。

当初,各国对我国给出的蜂王浆定义有不同的看法,特别是其与欧美国家的定义之间存在很大差异。从 2008 年国际标准提案的立项到 2016 年国际标准的发布,各国对蜂王浆定义的争议一直不断。争议的核心问题只有一个,即在外界没有蜜源的情况下,到底能不能给蜜蜂饲喂白糖。在自然界中,蜜蜂主要通过采食花蜜和花粉来生产蜂王浆。在我国,只要是蜜蜂生产出来的,就算是蜂王浆,至于生产前蜜蜂吃什么,在国家标准中没有具体规定。而欧美国家不仅对蜂王浆的产品质量做出严格规定,而且对蜜蜂的食物也有明确规定。因此,各国专家针对生产蜂王浆的蜜蜂应该吃什么食物一直争论不休。

在我国,一般情况下蜜蜂是通过采食花蜜和花粉生产蜂王浆的,而当自然界中没有花蜜和花粉可供蜜蜂采食时,养蜂者就会给蜜蜂饲喂白糖。蜜蜂吃糖和不吃糖生产出的蜂王浆在成分上是否存在差异?我国专家认为产品质量差别不大,但是欧美国家专家认为存在差异。欧美国家专家提出这个问题,不是因为中国提出的蜂王浆定义会影响国外蜂产业,而是因为欧美国家是蜂王浆的主要进口国,在他们的观念中,既然进口蜂王浆,就应该保证产品是纯天然的,这不仅仅针对蜂王浆,对其他食品也一直是这样要求的。但如果接受欧美国家的观念,按照我国的生产方式或者生产条件这是难以完全做到的。

按照国际惯例,在制定国际标准过程中,哪一方提出技术方面的不同意见,哪一方就必须拿出试验报告来进行证实。因此,针对上述争议,欧美国家专家做了大量的试验。最后,双方通过协商解决了关于蜂王浆定义和相关指标之间的分歧。妥协的结果是,欧美国家专家认可了饲喂白糖的蜜蜂生产出来的也是蜂王浆,并降低了蜂王浆产品质量要求。我国专家也同意把他们提出的一些相关新指标加进标准,并在定义中把蜂王浆分为一级品和二级品两个级别。欧美国家专家刚开始提出蜂王浆分级建议时,我国专家并没有马上同意,而是在全国各地盲采了将近 200 份样品进行研究分析,结果发现我国 80%—90% 蜂王浆都能达到一级品标准的要求。因此,我国专家最终同意了这个提议。另外,如果欧美国家专家不把蜂王浆的部分指标降低,我国可能有一半的蜂王浆都达不到其质量要求。蜂王浆定义争议的最终处理结果对大家来讲都是可以接受的。其实,当时双方都很紧张,如果不能改变欧美国家原有的关于蜂王浆的观念,这项国际标准就可能无法制定出来。其间,由于双方对蜂王浆定义问题的争执,提案也曾被否决,但在否决之后,各方再次进行了协商和妥协,最终达成一致意见。从上述可以得出,沟通甚至是妥协对成功制定国际标准来说十分重要。

另外,在制定这项国际标准的过程中,我国提出的用于确定蜂王浆指标的检测方法也受到了国外专家的质疑。在国际标准中,确定的产品指标需要有可操作性。如果确定的产品指标对各国来说都不适用,那么这项标准就失去了意义。在产品指标确定以后,还需要用科学合理的方法进行检测,检测方法也要求有可操作性。如果没有相应的检测方法进行评定,那么确定的产品指标也就没有意义了。通常,检测方法可以独立于产品指标,而《蜂王浆 规范》国际标准中将产品技术要求和检测方法要求结合在了一起。在国际标准草案中采用了我国以前就有的且比较成熟的检测方法。由于这些检测方法使用的仪器设备与国外的相比差异很大,因此,欧美国家专家认为需要对其可靠性和稳定性进行重新证实。为此,我国进行了随机采样,把样品送到5个不同国家的实验室进行了试验,以验证在不同国家的实验室中采用相同检测方法,样品的测量数值范围、稳定性、重复性,以及精确度等。最后,我国提出的检测方法被证实比较稳定、一致。这种在不同国家的实验室进行验证的方法简单且非常重要,因检测结果需要各方互认。如果产品仅在中国的实验室进行试验验证,其他国家可能会不承认检测结果,而且还有可能解释不清楚。采用同一样品在不同国家的实验室对检测方法进行试验验证,如果各自的试验数据基本上都在某个范围且符合统计学要求,那么说明结果是合理的,这样就可以解决不同国家之间检测方法的互认问题了。

针对各国专家提出的意见,很多时候需要进行试验验证,寻找依据,而且依据要有说服力,因此事实、数据、研究、验证在国际标准制定中至关重要。如果专家提出的意见是客观事实,就必须接受。哪一方提出反对意见或者觉得不妥的话,就需要提供试验数据佐证。不论是哪一方,提出的理由、观点必须要有研究成果和数据支撑。如果双方的结论不一样,那么就需要寻找第三方实验室进行试验验证,确定到底哪一方是正确的,以确保结论的公平公正。采用标准中确定的检测方法,相同的样品在不同的试验中检测出来的结果应具有高度一致性,这对确定检测方法的科学性尤为重要。如果采用相同的检测方法在不同的实验室中得出的数值相差很大,那么这个检测方法肯定是不科学的且达不到要求的。同样,如果同一样品因在不同的实验室检测出的数值差异很大或不稳定,那么该检测方法也不能用在国际标准中。

在制定国际标准的过程中,双方需要通过不断沟通,甚至是妥协,最后达成共识。如果双方不能达成一致,那么这项国际标准就难以成功制定。需要协调统一时,我们必须知道自己的底线在哪里。如果对方越过底线,对我国的产业就可能造成巨大的伤害,得不偿失。此外,要充分做好相关会议会前准备工作。在会前,应该充分准备好支撑议题的试验数据。在会上阐述议题时,应向各国专家展示试验数据,避免空谈。如果会前准备工作做得不充分,那么提交的议题极有可能产生争论,当由争论变成争执时,通常会采用举手表决的方式予以解决,这时就会显得尤为被动。在会前做好充分准备的同时,还要在不同场合加强与其他国家专家的沟通。通过沟通,争取其他国家专家对我国方案的理解、认同。我国现在面临的最大问题之一是与部分欧盟国家在观念、技术、意识等方面存在差异。目前,在制定国际标准时,欧盟国家参与较多,且较为团结。所以,我国需要重视和充分吸收欧盟专家的意见。欧盟国家的标准技术要求普遍比我国高。比如,欧盟国家对食品中污染物、水质、抗生素药残等方面的标准技术要求较高。此外,欧盟国家基本上都是统一标准。因此,在制定国际标准过程中应加强与国外专家的交流,特别是与欧盟国家专家的交流,获得他们的支持对我国成功主导制定国际标准至关重要。

主导制定国际标准的另一个难点就是需要大量经费的支持。比如,在制定《蜂王浆 规范》国际标准时,标准发起者在全国采集了蜂王浆样品将近1000份,且连续采集了三年。因为仅采集一年的样品是不够的,气候变化或者其他条件的变化,都可能带来一些波动,所以必须连续跟踪三年。仅仅是样品采集一项,就需要较大费用。同时,参加国际会议的费用支出也很大。另外,做研究、把样品送到世界各地实验室进行试验验证等都需要大量费用。

《蜂王浆 规范》国际标准是在2016年批准发布的。以此为契机,2018年,我国申请成立了蜂产品标准化分技术委员会。由于制定《蜂王浆 规范》国际标准时,我国专家与法国、土耳其、意大利等国家的专家沟通良好,在各方面打下了良好基础,因此,在我国申请成立蜂产品标准化分技术委员会秘书处的过程中,除了美国坚决反对外,没有遇到太大阻力。美国反对我国承担秘书处工作的理由是它认为中国能力不够。由于美国坚决不同意我国承担秘书处工作且无法协商,最终只能进行投票表决。最终投票表决的结果是将秘书处设在中国。

争取到蜂产品标准化分技术委员会秘书处对我国来说十分重要,对推进蜂产品领域国际标准化工作起到重要作用。承担蜂产品标准化分技术委员会秘书处工作也对维护我国蜂农的利益发挥了重要作用。蜂产品标准化分技术委员会能够被争取下来得益于前期的良好运作,也得益于欧盟国家对我国的认同。在蜂产品标准化分技术委员会,一共有 28 个 P 成员(正式成员国)。其中,欧盟国家有 11 个。

我国的蜂产品要想真正在国际上有话语权,必须主导或积极参与蜂产品国际标准化工作。在国际标准制定过程中肯定有一些争议或者不同的意见,要平衡好得与失。国际标准制定过程中遇到的难点之一就是如何解决各国样品存在差异的问题。如果我国的样品与国外的样品不同,就需要了解国外样品的特性。我国蜂王浆生产率占全球的 90%,但还有 10% 属于国外,因此需要比较我国蜂王浆和国外蜂王浆的差异。与蜂王浆相比,制定蜂胶国际标准的难度更大。全世界很多国家都有蜂胶,比如俄罗斯高加索地区大概有三四类蜂胶,其在成分上、指标上差异很大,协调难度非常大。此外,制定国际标准一方面要着眼于提高产品的品质,另一方面还要考虑产品贸易在国际上的活跃程度。制定国际标准的目的是促进国际贸易,如果产品在国际上没有贸易,没有竞争商品,也就不需要制定国际标准。

【关键节点】

蜂王浆国际标准化案例关键节点包括蜂王浆国际标准化的动因、蜂王浆国际标准提案的提出、蜂王浆术语定义的争议和妥协、蜂王浆国际标准的发布、组建蜂产品标准化分技术委员会并承担秘书处工作等(见图 1-1)。

【启示与解析】

我国是蜂产品的主产国,但产品质量堪忧,在国际上沦为"劣质产品"和

"问题产品"的代名词。国际标准可以体现产品在国内外市场的质量标准,并提供市场信息。因此,以制定《蜂王浆 规范》国际标准为突破口,以点带面,提升我国蜂产品的质量和声誉,从而使我国蜂产业获得国际市场竞争和价值分配的话语权。

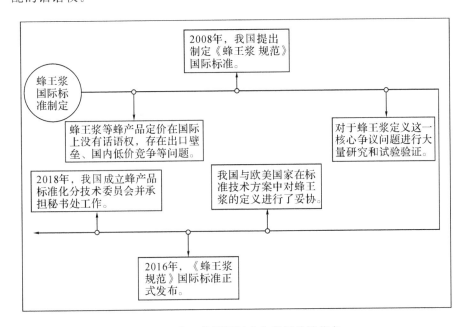

图 1-1　蜂王浆国际标准化案例关键节点

世界贸易组织(WTO)通过各成员方签署的《技术性贸易壁垒协议》,既强化了国际标准在国际贸易中的权威性,又把国际标准上升到国际贸易一项重要游戏规则的地位,并对各成员方的标准化行为进行必要的规范。随着贸易全球化,掌握国际标准已经成为应对市场竞争的有力武器。国际标准有利于相关国家逐步融入全球价值链,改变传统国际分工格局,对国际标准制定权的争夺在某种程度上是对经济发展主导权的争夺。这个案例的成功之处就是利用国际标准在国际贸易中的权威性,通过制定国际标准竞夺蜂王浆国际贸易中的市场话语权,进而维护我国蜂农的利益。另外,随着我国进入高质量发展阶段,人们对高品质蜂王浆的需求急剧增加,消费不断升级,而早前我国的蜂王浆市场比较混乱,产品质量参差不齐,因此,通过主导制定《蜂王浆 规范》国际标准倒逼我国蜂王浆产业转型升级。

把控国际标准制定过程的能力体现为技术转化为经济收益的能力,因此国际标准技术方案是利益相关方博弈的核心。依据历史资料、技术信息报道,或者相关研究和数据等确定相关指标的做法对于制定国际标准来讲往往是不够的。国际标准技术方案的博弈是以事实、数据、研究和验证为依据的,相关方提出的意见必须以研究成果和数据为支撑。当有不同意见时,需要多方实验室验证其正确性,只有通过试验验证并证明其是正确的方案,才会被各方所接受,以确保技术方案的公平、公正。在本案例中,国际标准技术方案争论的焦点在于当外界没有蜜源时,能不能给生产蜂王浆的蜜蜂喂白糖。针对喂白糖和不喂白糖的蜜蜂生产的蜂王浆质量是否有区别,欧美国家和我国先后做了很多研究,进行了很多试验验证。因此,控制标准制高点的争夺,实质是各国科技实力的竞争。

尽管国际标准制定权的掌握对一个国家产业的国际市场竞争和价值分配的话语权产生重要影响,但是国际标准是各方利益妥协的产物,协商一致是国际标准化过程中必须遵循的基本原则。在各方利益不可调和或在技术指标上有较大分歧时,需要相互妥协,照顾各方利益,万不得已的情况下才会采用表决的方式来解决分歧,以使标准制定进入下一阶段,最终形成国际标准。

在主导制定产品国际标准时,产品国际标准对应的检测方法也是需要考虑的因素。如果国际标准中确定的检测方法的技术含量过高以至于我国实验室无法开展检测工作,那么就会丢失检测市场,造成国家利益受损。因此,在制定检测方法标准时,既要考虑检测仪器的精度和技术水平,也要考虑我国的检测技术水平。

承担国际标准化技术组织秘书处工作有利于相关领域国际标准话语权的把控。本案例中,在主导制定《蜂王浆 规范》国际标准的基础上,积极竞夺蜂产品标准国际话语平台,承担蜂产品标准化分技术委员会秘书处工作,使得我国在竞夺蜂产品市场国际话语权方面处于更加有利的位置。

从主导制定《蜂王浆 规范》国际标准到承担蜂产品标准化分技术委员会秘书处工作,我国克服了各种困难和挑战,成功突破欧美等国家在蜂产品方面的技术性贸易壁垒,规范了市场,促进了国际贸易的公平。

案例二　国内标准与国际标准

从海上结构物行业标准到国家标准再到国际标准

我国主导制定的 ISO 21711:2019《海上结构物 海上移动平台 锚链轮》于 2019 年发布。标准发起者 A 企业在 10 年内从参与修订《架桥机安全规程》《架桥机通用技术条件》等国家标准,到主导制定《移动式海洋平台锚泊定位装置》等行业标准,再到主导制定《海上结构物 海上移动平台 锚链轮》《海上结构物 海上移动平台 起锚绞车》等国际标准,逐步走上标准化创新之路。本案例从标准发起者的视角,介绍了企业从参与修订标准到主导制定标准,由行业标准到国家标准再到国际标准的标准化历程,着重阐述了技术转化为国际标准过程中技术验证等的细节和成功经验。标准发起者作为一家民营企业,如何成功将技术相继转化为行业标准、国家标准和国际标准?

【案例详情】

国际标准发起者 A 企业是卷扬机、绞车、凿井绞车的制造商。A 企业承担了数个省级重大科技支撑计划项目、科技部"国家重点研发计划"、工信部"海洋工程装备重点技术研究项目",获得 16 项授权发明专利、46 项实用新型专利,多项技术和产品填补了国内空白。早前,无论是在国内还是在国外,锚链轮都没有统一的标准。因此,我国于2016年提出国际标准提案,历经4年,从提案提出到技术博弈再到技术验证,克服重重困难,制定出锚链轮国际标准。这项国际标准为增强锚机运转的稳定性和锚泊定位的可靠性奠定了坚实的基础,对我国从船舶制造大国到船舶制造强国起到了推动作用。

当前,我国船舶制造能力已经位居世界第一,但是从船舶制造大国到船舶制造强国,我们还需要走很长的路。这是一条不断追赶、不断超越的道路。

锚链轮用于定位,将船或平台固定在一个区域,以保证锚机运转的稳定性和锚泊定位的可靠性。锚链轮应用范围很广,只要是带有锚机的船都要用到。无论是普通锚机、大型海洋工程船,还是海上移动平台,都会用到锚链轮。

锚链轮是海上锚泊系统的核心部件。锚链轮的设计制造,看起来没有什么技术含量,却是海上作业,尤其是深海作业需要突破的第一步。然而,之前无论是在国内还是在国外,锚链轮都没有统一的标准。由于国际上没有统一标准,产品认证缺乏相关依据。

当时,标准发起者A企业的锚机、锚链轮产品年销售额达到3亿多元,并且呈现不断上涨趋势,具有较高的市场占有率。在国际市场上,中国的锚机、锚链轮等占据主导地位。深海、钻井平台等领域较多使用锚链轮,但是大多数锚链轮比较适合用于浅海而不适用于深海。如果用于深海,就需要将锚链、钢绳或者其他缆绳进行组合。由于锚链太重,对船的整体结构有很大影响,因此作为起锚机械主要部件的锚链轮的制造质量直接影响起锚、抛锚的效能,对船舶安全航行至关重要。由承窝底面与轮齿侧面组合而成的锚链轮与锚链的啮合部位——链环承窝要承受来自各个方向的扭矩、牵引和冲击,因此对其内部质量要求非常高。

海上移动平台一般用于钻井平台、大型海洋工程船,其锚链轮是核心部件。随着"一带一路"倡议的加快实施,我国从浅海向深海拓展的步伐越来越快,满足深水作业要求的海上作业平台、大型海洋工程船等的锚泊定位技术成为瓶颈。2015年,标准发起者A企业承担了国家海洋半潜平台配套项目,其中锚链轮的材料选择、强度核定、锚形优化等都是亟须解决的项目课题,并将制定国际标准作为项目目标之一。承担国家海洋半潜平台配套项目后,A企业迅速组建了技术团队。由于海洋环境十分复杂,温度、湿度、洋流、盐分等任何因素都会对原先的设计产生巨大的影响,这对技术团队成员来说是一项巨大的考验。

　　早在 2008 年,A 企业就成立了专门的标准化委员会,全面推行标准化体系建设工作;并且申请组建《建筑卷扬机》标准化工作组,开展产品标准制定活动。其后,A 企业主导修订了 GB/T 1955—2002《建筑卷扬机》国家标准。2011 年,A 企业参与了国家标准 GB 26469—2011《架桥机安全规程》和 GB/T 26470—2011《架桥机通用技术条件》的修订。2013 年,A 企业主导制定行业标准 GB/T 3663—2013《移动式海洋平台锚泊定位装置》。标准的实施保障了产品品质,赢得了市场的高度认可,A 企业成为国家公路、铁路、桥梁、码头、电建、水利、矿山、船舶、军事及海上石油钻井平台等领域重点工程优质产品的长期提供商。

　　2017 年 2 月,A 企业完成了《海上结构物 海上移动平台 锚链轮》国际标准提案。国际标准草案规定了锚链轮的类型、尺寸、结构图和材料等相关性能,保证了锚机运转的稳定性和锚泊定位的可靠性。为了评估应用效果,A 企业前后派出了 13 支科研小分队,到南海进行海上抛锚实地观测,总共积累了 60 万字的一手资料,最终验证了这一国际标准的科学性。这次主导制定的《海上结构物 海上移动平台 锚链轮》国际标准与 A 企业之前参与制定过的国家标准、行业标准相比,在锚链轮齿型等方面存在差异。虽然各国产品形状相差不大,但是尺寸上还是有差别的,因此在实际使用过程中可能出现掉链、跳链和不耐磨或磨损严重的现象。

　　与这项国际标准相关的标准化技术委员会的秘书处承担国是中国。由于秘书处设在中国,而且中国与相关国家的关系较好,确保了项目的顺利立项。A 企业与秘书处承担单位在国际标准化方面进行了合作,各自发挥作用,优势互补。其中,A 企业是《海上结构物 海上移动平台 锚链轮》制定的主导方,秘书处承担单位是参与方。而对于涉及钢丝绳的《海上结构物 海上移动平台 起锚绞车》,秘书处承担单位是制定的主导方,A 企业是参与方。这两项国际标准是同期申请,同年发布的。

　　《海上结构物 海上移动平台 锚链轮》是第一个由我国民营企业主导制定的国际标准。由于之前没有锚链轮相关国际标准,且各国的标准也都不一样,因此在我国提出国际标准提案后,得到了日本、美国等国家的积极响应。专家对我国提出的国际标准草案提出了很多意见和建议并进行了多次讨论。但总体上,国外当时对该技术领域的关注度还不是很高,因此各国专家在讨论过程中对草案没有太大异议,对中国主导制定这项国际标准也给予了支持。针对技术委员会相关专家提出的建议,A 企业组织国内专家进行了深入研究,开展了相关讨论,并逐一回复了国外专家提出的各种建议。锚链轮相关的技术参数有几十项,其中,结构图是比较明确的,但也会存在一些差异,只是使用的技术差异不是太大。将锚链轮相关技术要求在国际范围内进行统一有一定的好处,因为锚链轮相关产品进入其他国家或地区时都需要认证,而且在设计图审核过程中,也需要国际标准作为依据。

目前,船舶及海洋工程的核心技术主要掌握在荷兰、挪威、德国等国家手中。对于核心部件的技术信息,这些国家一般不对外公开,更不会将其转化为公开标准。因而,美国、日本等国家没有可参照的公开标准,只有自己行业内的标准,且仅供内部使用。另外,该产业规模总体上不大,故国外竞争对手也不是很多,因此,即使中国在技术上不是领先的,也能主导制定国际标准。A 企业发起制定这项国际标准主要有两方面的考虑:一是促进其相关领域的国际贸易,二是扩大企业及其产品在国际上的影响力。

这项标准不是一个整体的设备标准,而是锚机的一个核心部件标准。国际标准通常是完整产品的标准,而针对核心部件的国际标准比较少见。各国锚链轮使用的技术相差不大,但也存在一些技术差异。因此,在制定这项国际标准过程中,其他国家针对技术方案、技术验证等提出了一些问题,其中日本提出的问题相对较多。技术方案问题一般都是带有利益倾向的,企业需要进行技术试验验证。作为国际标准的技术不仅是成熟的,产品在市场上要获得普遍认可,而且要切合实际。产品的性能、稳定性等方面的技术方案提出后,各国专家会将其与本国产品的技术方案进行对比。只有提出的技术方案符合实际,才能让各国专家接受。

之前,国内外海洋用锚链轮的设计参照了内河用锚链轮标准,其通用性、安全性、耐用性等方面都存在巨大隐患,发起制定海上用锚链轮国际标准是一个全新的挑战。这项国际标准规定了海洋用锚链轮的齿型、技术参数、材料等内容。虽然各国所使用的材料不一样,但在国际标准中只是对材料的物理性如强度、硬度等做了规定,因而各国专家对材料没有提出不同意见。另外,锚链轮相当于标准件,相关要求是通用的,因此各个国家的产品尺寸或者图形没有太大差异,争议也较小。然而,存在较多争议的是结构尺寸,各国专家对结构件相关的参数提出了不同看法。针对提出的意见,A 企业组织专家就相关参数进行了大量的试验验证,其中,为验证一个齿形,A 企业设计了 8 个试验样本,最大的直径 156 厘米,最小的直径 50 厘米,前后 3 年时间总共进行了100 多次厂内试验;在海上进行 10 多次试验,得到 60 多万字的数据。基于此,验证了国际标准内容的科学性,并最终使得各国专家通过协商达成一致意见。

A 企业早在 2000 年就开始与劳斯莱斯进行合作。劳斯莱斯是汽车领域的高端品牌,同样是海洋工程领域的龙头、全球生产锚绞车的顶级企业。与劳斯莱斯合作,使 A 企业对锚链轮技术方面有了更多的了解。10 年来,A 企业从走上标准化创新之路,到制定国际标准,在标准制定方面积累了大量经验。在技术上主要依靠企业自身,但在标准化业务方面,ISO/IEC 技术机构国内技术对口单位给企业提供了很大帮助,发挥了指导作用。其间,国内技术对口单位工作人员通过邮件与各国专家进行沟通,负责将我国的意见或相关试验验证材料发给国外专家,以及对相关技术进行解释。在国际标准制定过程中,不仅需要用熟练的英语与国外专家沟通交流,也需要从国外网站上查阅或获取大量英文资料,特别是学术论文,以了解国外产品研究的进展。因此,如果参与国际标准制定的技术专家不精通英语,那么将会对制定国际标准产生很大的阻碍。

我国主导制定的《海上结构物 海上移动平台 锚链轮》国际标准的发布,是标准发起者 A 企业发展史上的一个重要里程碑,标志着企业在标准化创新的道路上又向前迈出了重要一步。在国际标准成功制定并发布后,A 企业的市场占有率明显提升。

【关键节点】

锚链轮国际标准化案例关键节点包括企业全面推动标准化体系建设、参与国家标准的修订工作、主导国家标准起草、承担锚链轮相关国家项目和课题、主导制定锚链轮国际标准和参与起锚绞车国际标准的修订,以及国际标准的发布等(见图 2-1)。

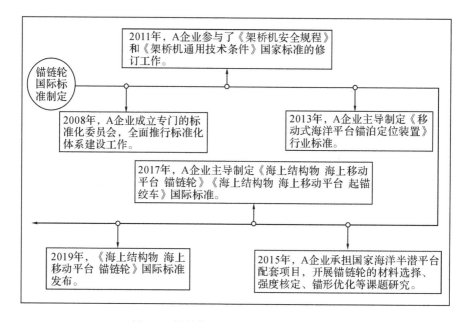

图 2-1　锚链轮国际标准化案例关键节点

【启示与解析】

船舶制造企业通过主导或参与制定国际标准,不仅海外竞争的空间和地位得到明显改善,而且扩大行业影响力和促进产品出口。但是,主导制定国际标准非一日之功,企业既要有核心技术,还要有专业标准化人才。

国际标准发起者 A 企业早前通过参与修订《架桥机安全规程》《架桥机通用技术条件》等国家标准到主导制定《移动式海洋平台锚泊定位装置》等行业

标准,以及与海洋工程领域的龙头劳斯莱斯进行合作,为企业主导制定《海上结构物 海上移动平台 锚链轮》国际标准积累了标准化经验和培养了专业标准化人才。

民营企业除了要重视自身技术人员、专业标准化人才的培养,在发挥自身优势的基础上也要善于借助外力来参与国际标准化工作。A 企业成功主导制定国际标准的关键是其具有技术优势。企业主导制定国际标准可能面临其他国家的质疑和反对意见,需要大量的科学试验和技术验证来回应这些质疑和反对意见,因此,真正的标准来自工厂车间、实验室和技术研发人员。与此同时,A 企业加强与 ISO/IEC 技术机构国内技术对口单位的合作,充分发挥国内技术对口单位在国际标准化方面的人才优势,共同推动相关国际标准化工作。

产业水平会受到国际标准的影响,采用统一的国际标准对于各国产业互联互通具有促进作用。国际标准化水平可以显著促进产业国际竞争力水平的提升。通常,企业通过研发掌握核心技术,使技术专利化,最后通过标准使其产品国际化。那么,那些没有掌握核心技术的企业是否可以主导制定国际标准? 在那些产业规模较小、竞争不甚激烈的领域,即使企业在技术方面不是领先的,也能主导制定国际标准。本案例中,我国并不掌握船舶及海洋工程的核心技术,国外也不对外公开核心部件,更不愿意将其转化为公开标准,因此,我国没有选择完整产品而是选择核心部件——锚机来制定国际标准并获得成功。

我国成功主导制定《海上结构物 海上移动平台 锚链轮》国际标准,使相关产品进行国际认证有了依据,促进了相关领域的国际贸易,同时也扩大了企业及其产品在国际上的影响力。

值得注意的是,技术水平、产品质量都处于高水平的国外企业,一般都有自己的企业标准,不会把核心技术专利化和转化成国际标准。一些国外企业对其产品所涉及技术的保密程度非常高,一旦其技术转化成专利和国际标准就面临着被同行抄袭或模仿的问题,故部分国外企业并不把其作为优先战略。企业是否把自己的核心技术专利化和专利标准化,取决于其是否能给企业、行业或国家带来好处或利益。

案例三　小微企业与国际标准

把独特技术转化为国际标准

ISO 19699-1:2017《吸收血液用聚丙烯酸钠高吸收性树脂 第 1 部分:测试方法》和 ISO 19699-2:2017《吸收血液用聚丙烯酸钠高吸收性树脂 第 2 部分:规格》两项国际标准是由我国一家小微企业主导制定的。案例主要从观察者的视角,结合一手和二手资料,介绍国际标准发起者 B 企业突破其经营困境,由技术创新到技术专利、技术领先到技术标准制定,国内标准制定到主导制定国际标准的历程和利益博弈的具体策略。小微企业如何将其独特的专利技术转化为国际标准,进而成功进入海外市场?

【案例详情】

一流企业做标准,二流企业做品牌,三流企业做产品。行业里的标准制定者,通常是行业的龙头企业。所以,通常制定行业领域标准的企业,都是头部企业。如果一个小微企业想要制定行业领域标准,而且还是国际标准,令人不可思议。2017 年,ISO 官网上正式发布了《吸收血液用聚丙烯酸钠高吸收性树脂 第 1 部分:测试方法》《吸收血液用聚丙烯酸钠高吸收性树脂 第 2 部分:规格》两项衡量卫生巾吸收能力的国际标准。令人意想不到的是,这两项国际标准是由我国一家小微企业发起制定的。

国际标准发起者 B 企业成立于 2003 年,是一家集研发、生产、制造、销售服务于一体的高吸收性树脂专业制造企业,其主要产品为高吸收性树脂,年产量 600 多吨,拥有多项专利技术。B 企业在刚刚进入高吸收性树脂行业时,就意识到技术创新对于产品和企业发展至关重要,只有抓住核心技术,增强自身竞争力,才能在高速发展的高吸收性树脂行业中立足。

高吸收性树脂是国家鼓励支持的战略性新兴产业新材料,是卫生巾、纸尿裤的主要原料。起初,在我国市场上,高吸收性树脂基本依赖进口,进口产品占 90% 以上。当全球大多数企业忙于研发水溶性高分子材料时,B 企业敏锐地发现,水溶性高分子材料有一个明显的性能缺陷,即吸水性较好,而吸收尿液和血液的性能较差。由此,企业确定了技术研发的主要突破方向。但是作为一家小微企业,技术、资金、人才等创新资源缺乏,创新能力不足。为此,企业从 2003 年起开始积极寻求与高校的产学研协同创新,联合高校有针对性地围绕吸收尿液和血液的高分子材料进行技术攻关。依托高校国家级实验室,经过两年数千次的试验,B 企业终于研制出技术领先的具有可降解特性的吸收血液用聚丙烯酸钠盐高吸收性树脂。

B 企业研发的这一技术全球领先,每 5 毫升血液吸收时间小于 50 秒,比市场主导产品缩短了 400 多秒,而且能够有效地解决侧漏、返渗等问题。将 B 企业的高吸收性树脂与市场上同类产品做对比试验发现,模拟血液倒上去之后,呈现出不同的效果。高吸收性树脂可迅速吸收模拟血液,且不流动,与同类产品相比有明显的技术优势。高吸收性树脂吸收血液后的原料呈果冻微粒状,干爽透气、小巧轻薄、卫生环保,而且能够为下游产品减少 40%—50% 的木浆使用量,解决了木浆原料不足的问题。由于新材料吸收血液的速度快,大大提升了卫生巾产品质量,提高了妇女卫生护理健康水平,给消费者带来了福音,产品进入市场后好评如潮。2005 年,企业创新研发的具有可降解特性的吸收血液用聚丙烯酸钠盐高吸收性树脂申请了国家专利,并于 2007 年获得授权。此后,B 企业在行业的知名度迅速提升。

2007 年,B 企业开始着手将技术专利转化为国家标准。在国家标准起草过程中,各方争执的核心问题是"吸液速度"这个指标。因为当时 B 企业产品的标准液吸液时间可达到 80 秒,但日本相关企业坚决不同意将吸液时间标准定在 200 秒之内,因为其产品的吸水性较好,但血液吸收速度较慢,而其在中国市场的占有率达 80%。一旦标准确定,意味着日本相关企业将失去巨大的中国市场份额。最终妥协的结果是将吸液时间定在 200 秒,企业成功将技术专利转化为国家标准。2009 年 9 月 1 日,GB/T 22875—2008《卫生巾高吸收性树脂》和 GB/T 22905—2008《纸尿裤高吸收性树脂》两项国家标准正式颁布实施。在国家标准的推动下,我国高吸收性树脂行业进入快速发展时期。2007—2012 年,年均产能增速达 27.3%,倒逼了产业转型升级。在 2014 年,中国高吸性树脂产能已达 56.5 万吨,跃居世界第二。由此,全球高吸收性树脂市场结构发生了显著变化,原来占市场主导地位的国外企业的产品市场占有率明显下降,而国内产品市场占有率上升且达到 30% 以上。

由于 B 企业主导制定了《卫生巾高吸收性树脂》《纸尿裤高吸收性树脂》两项国家标准,其产品在国内市场上具有较强的竞争力。下游企业使用高吸性树脂可以大大减少木浆的使用量,因此该材料很快受到下游企业的青睐。下游企业对上游技术标准的认可,进一步巩固并提升了 B 企业技术标准的市场地位。B 企业通过将领先的技术制定为国家标准,带动效益显著提升,产值和效益连年翻番。在 2008 年以前,企业 8 年的利润之和不足 300 万元,而在 2009 年,利润就达 600 万元。2010 年,企业利润达 1600 万元。企业产能也从由标准实施前的不足 4000 吨提升到 5 万吨。2010 年,B 企业被认定为省级高新技术企业,从一家制造小微企业转型为科技小微企业,企业发展进入良性循环。此后,企业不断加强产学研协同创新,开发新技术、新产品,先后开发出聚丙烯酸钠吸水树脂表面改性技术、通信光缆用高吸水树脂、去异味吸水材料及其组合物、可生物降解改性淀粉高吸收性树脂等 20 多项技术领先产品。

在 B 企业发起制定的国家标准发布两年后,国内许多企业在标准的引领下,开始生产相同标准的产品,从而使市场竞争又变得异常激烈。企业的产品优势逐渐被市场所稀释。在这种情况下,B 企业试图通过开拓国际市场,摆脱其新的困境。当决定打开国际市场,将产品出口到国外时,B 企业发现国际上不认同中国标准。当时,国际市场上的主导产品是吸水性材料,没有吸收血液用高吸收性树脂相关产品和相关技术,更没有相关国际标准,产品根本卖不到国外市场。为了推动产品走出国门,B 企业决定发起制定国际标准。因为 B 企业已经感受到做国家标准的好处,所以期望通过制定国际标准来进一步提升产品的竞争力,走向国际舞台,提高国际市场的占有率。

B 企业在查阅了相关资料后发现高吸收性树脂标准在国际上确实属于空白,明晰了技术标准引领的战略目标,立即开展国际标准制定的相关准备工作,随即提出《吸收血液用聚丙烯酸钠高吸收性树脂 第 1 部分:测试方法》《吸收血液用聚丙烯酸钠高吸收性树脂 第 2 部分:规格》两项国际标准提案。随后,B 企业发现,主导制定这两项国际标准所面临的困难是始料未及的,最大的问题来自同行竞争者。这些竞争者包括德国、日本、美国的众多企业,它们都生产类似的产品,而且一些国内知名品牌产品,也都是这些国外企业生产的。B 企业作为我国的一个小微企业,其产品在国内和国际市场份额都不是很大。在这种情况下,B 企业要想发起制定国际标准,并得到国外同行的认可,是一个非常大的挑战。当时,我国市场中 85%—90% 的产品是日本企业供应的吸水性材料;而德国、韩国等其他国家加起来,市场份额还不到 10%;我国同类产品占有率为 2%—3%。这之前,我国参与国际标准化活动的大多是大型企业,如中国船舶重工集团有限公司、中国航空工业集团有限公司等企业。一家小微企业要发起制定国际标准,显得底气不足。

能否做成国际标准,核心还是产品技术。虽然 B 企业产品技术先进、产品吸血时间指标领先,而且含有技术专利,但一些国外企业极力阻碍该标准的出台。在这两项国际标准制定过程中,国家相关部门在方法和资金等方面给予了大力支持。来自国内有关研究院所、专业技术委员会的专家和 B 企业专家一起全程参与了国际标准的提案、准备、委员会、征询等阶段性程序,巧妙地化解了各方的利益冲突。各方争执的核心问题依然是"吸液速度"这个关键技术指标。针对"吸液速度"指标的争执,我国兼顾各方利益提出将指标分为两个等级,从而争取到大多数国家的理解和支持。

为了做成这两项国际标准,在国家标准化管理委员会协调下,B 企业组织召开了 10 多次国际性会议,往来了 1100 多封邮件,并邀请了 20 多位不同国家的专家来企业实地考察。为了协调各方意见,B 企业走访了近 10 个国家。

经过长达 5 年的努力,2017 年 8 月,国际标准化组织发布了由我国主导的 ISO 19699-1:2017《吸收血液用聚丙烯酸钠高吸收性树脂 第 1 部分:测试方法》和 ISO 19699-2:2017《吸收血液用聚丙烯酸钠高吸收性树脂 第 2 部分:规格》两项国际标准。B 企业作为国际标准的发起者成功将核心技术专利转化为国际标准,从而确立了该产品在全球市场的竞争地位,打破了国外企业的垄断。这两项国际标准填补了全球高吸收性树脂行业有关国际标准的空白,也促进了我国高吸收性树脂行业的转型升级。与绝大多数国际标准稍有不同的是,这两项国际标准含有企业的技术专利,而且该技术是有偿使用的,这得益于我国企业近年来取得的技术突破。通过产品质量分级,该技术成为国际标准中的必要专利技术,即目前生产一级产品必须使用该技术,日本、德国等国家在该领域的传统巨头企业只能生产二级产品,这大大提高了我国产品的市场竞争力。

B 企业主导制定的这两项国际标准意义较大。一是根据国际标准的技术要求,国际上只有我国企业的产品可以达到规定的一级水平,而其他国家的产品属于二级。国际高吸收性树脂产品结构实现颠覆性改变,从最初我国 90% 以上的产品依靠进口,到国内产品国际市场占有率超过 30%,打破了我国该类产品长期依赖进口的局面。B 企业将拥有的技术专利写入国际标准,成功将技术专利融入产品,又通过高吸收性树脂在多个领域的广泛使用,倒逼相关企业按照国际标准选择材料,进一步夯实了国际标准在产业中的主导地位。二是国际标准直接奠定了 B 企业的市场地位。在将核心技术转化为国际标准后,B 企业的海外订单蜂拥而至,产品出口到日本、墨西哥、韩国、印度等多个国家,产品价格由国际标准发布之前的 8000—9000 元/吨上涨到 13000—14000 元/吨。B 企业从年产值百万元的小微企业迅速成长为年产值近亿元的中小企业,成为我国中小企业依靠技术创新和标准引领发展壮大的成功典范。

这两项国际标准发布后,倒逼全球生产企业按照国际标准来生产高品质的产品。

【关键节点】

高吸收性树脂国际标准化案例关键节点包括国际标准发起者进行研发、高吸收性树脂技术专利化、技术专利转化为国家标准、国家标准带动行业和企业的快速发展、高吸收性树脂国家标准带动下游产业链变革、主导制定两项国际标准、技术优势利益最大与标准国际化的妥协和国际标准化组织发布两项标准等（见图 3-1）。

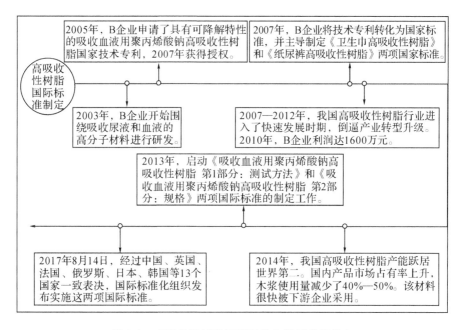

图 3-1　高吸收性树脂国际标准化案例关键节点

【启示与解析】

国际标准发起者 B 企业成为小微企业主导制定国际标准的典范，为众多中小企业，甚至小微企业提供了思路，颠覆了在技术创新、标准制定领域里中小微企业只能采取跟随、模仿战略的固化思维和局面，为中小微企业通过技术引领、标准制定获得市场主动权指明了方向。总结 B 企业成功的经验，就是小微企业技术标准化路径,即技术领先—技术专利化—专利标准化—标准市场化(产业化)。B企业成功突破发展困境经历了技术研发、国内标准化和国际标准化三个阶段。

技术创新是B企业成功主导制定国际标准的基础和前提。当前,国际公认"技术专利化、专利标准化"是促进对外贸易和经济增长的重要方法,由此,技术优势是获得国际标准制定权不可缺少的因素。将技术优势渗透在国际标准的制定过程中,可降低生产成本,形成规模经济和学习效应,从而持续占领市场,积累财富。B企业虽然是一家小微企业,但深刻认识到技术创新对产品和企业发展是至关重要的。企业只有掌握了核心技术,才能在市场中具有竞争力,才能在行业中立足。但是,中小微企业普遍存在人才缺乏、创新能力不足等问题,技术创新对一个中小微企业来讲较为困难。B企业通过与高校的产学研协同创新和依托国家级实验室进行技术攻关,有效克服了中小微企业普遍面临的上述问题。技术创新使B企业成功研制出领先的具有可降解特性的吸收血液用聚丙烯酸钠盐高吸收性树脂,该企业也从一家制造小微企业转型为科技小微企业。

B企业成功将技术转化成国家标准,强化了其主导制定国际标准的意识。B企业成功将自身技术转化为《卫生巾高吸收性树脂》《纸尿裤高吸收性树脂》两项国家标准,使其产品在国内市场上具有较强的竞争力,巩固并提升了市场地位,带动效益显著提升。将技术转化成国家标准后,不仅带动了国内整个行业转型升级,而且也使企业获得了实实在在的好处,这为B企业后来主导制定国际标准奠定了思想基础,强化了其标准化意识。

技术独特是B企业成功主导制定国际标准的关键。B企业将独特的技术专利转化为国际标准,而且是国际标准中的必要技术,从而确立了我国产品在全球市场的竞争地位。B企业主导的这两项国际标准含有企业的技术专利,且该技术是有偿使用的,这使得企业的利益最大化。

产品质量分级是该企业成功协调各国利益的主要策略。德国、日本、美国的众多企业都生产类似的产品,且国内知名的产品和品牌大部分也是国外企业生产的。主导制定这两项国际标准所面临的最大问题就是与上述竞争者在产品关键技术指标方面存在争执。B企业最后提出将国际标准指标分为两个等级,从而争取到了大多数国家的理解和支持。

创新产品在技术的推广下,能占领更大的市场份额,巩固竞争优势,进而实现收入增长。B企业主导制定的这两项国际标准发布实施,使得国际高吸收性树脂产品结构实现颠覆性改变,打破了我国该类产品长期依赖进口的局面。

一旦标准完全确定,标准竞争的结果将对标准发起企业及其上下游企业的核心竞争力产生深远影响。技术标准作为一种选择机制,将使企业沿着标准确立的技术轨道积累技术能力,形成技术优势。B企业发起制定的国际标准促使下游企业使用高吸收性树脂,大幅减少了木浆的使用量,促进了相关企业的转型升级,也夯实了企业在行业中的主导地位。

案例四　技术优势与国际标准

从楼宇对讲系统单个国际标准到系列国际标准

从 2016 年到 2018 年,国际标准发起者主导制定的 IEC 62820-1-1:2016《楼宇对讲系统 第 1—1 部分:系统要求—通用要求》、IEC 62820-1-2:2017《楼宇对讲系统 第 1—2 部分:系统要求—数字楼宇对讲系统(IP)》、IEC 62820-2-1:2017《楼宇对讲系统 第 2 部分:高安全楼宇对讲系统要求(ASBIS)》、IEC 62820-3-1:2017《楼宇对讲系统 第 3—1 部分:通用系统应用指南》、IEC 62820-3-2:2018《楼宇对讲系统 第 3—2 部分:高安全楼宇对讲系统应用指南(ASBIS)》相继发布。本案例从国际标准发起者的视角,介绍了制定楼宇对讲系统单个国际标准到系列国际标准的经过,重点描述了国际标准发起者 C 企业竞夺国际标准制定话语权的细节。企业如何将技术优势转化为单个国际标准,再到系列国际标准?

【案例详情】

国际标准发起者 C 企业是一家中型民营科技企业,员工有 1600 多人,主要业务为楼宇对讲和电力等方面。早在 2012 年,C 企业就已经是国内最大的销售楼宇对讲系统的企业之一,到 2019 年,销售额已超过 12 亿元。

起初,C 企业执行的楼宇对讲系统相关行业标准比较落后。如果 C 企业按照当时的行业标准来设计产品已毫无意义,标准制约了 C 企业产品的发展。于是,C 企业向全国安全防范报警系统标准化技术委员会(SAC/TC 100)反映了行业标准存在的问题,明确提出这项行业标准已经不能适应楼宇对讲系统产业的发展而需要修订。由此,C 企业联合相关研究机构主导修订了这项行业标准。当时 C 企业还是一家仅有三四十人的小公司。

当 C 企业产品在国际上销售时,C 企业依然遇到了很多困难。如果产品出口到欧洲,要符合欧洲标准(EN)和 CE 认证的要求。出口到其他国家或地区时,也面临同样的问题,因为不同国家有不同的标准要求。这给产品的出口带来了不便。另外,C 企业试图在某些国家或地区打开市场,但需要花费几十万元的认证费,这使企业难以承受。如果有相关产品国际标准的话,这些问题都将有效解决。对于企业来说,全球市场已经有各种类型的产品,需要国际标准来规范行业发展。对于市场来说,如果有国际标准,那么市场对产品的质量评判也有了统一的标准。总之,制定楼宇对讲系统相关国际标准十分必要。

C 企业的技术不仅在国内领先,在国际上也遥遥领先。因此,C 企业向国家标准委提出起草这项国际标准的申请。国家标准委的意见是,如果 C 企业有能力主导制定此项国际标准的话,会给予一定补助费,但是金额有限,因此,C 企业最开始只想主导制定一项国际标准。与此同时,ISO/IEC 技术机构国内技术对口单位 SAC/TC 100 秘书处组织专家对 C 企业专家的技术能力和英文水平进行了全面考察,C 企业的能力在受到高度认可后才进行了国际标准项目的立项申请。国际标准提案的内容对项目能否成功立项起着关键作用。C 企业提交的国际标准提案是将两份国内行业标准进行了整合,然后翻译成英文。在与国外相关标准的技术内容对比时发现,我国国际标准提案具有明显的技术优势。因此,国际标准提案很快通过了国际电工委员会的立项。

在国际标准提案获得立项后,C 企业按照 ISO/IEC 导则的程序要求进行国际标准的制定。在第一次会议上,我国专家就与德国、俄罗斯等国的专家产生了争执,其中与德国的争执最大。德国希望这项国际标准只针对高端产品,而我国的态度是要覆盖所有产品,不仅要覆盖高端产品也要覆盖中低端产品。争论到最后,C 企业意识到单纯制定一项国际标准是不太可能包含所有类型产品的,而且内容也过于庞大。所以,在这次会议上,C 企业决定依据应用场合或者应用形式把原来计划的一项国际标准分为三个部分。标准的第一部分针对模拟楼宇对讲产品,第二部分针对数字楼宇对讲产品,第三部分针对高安全楼宇对讲产品。当时,C 企业对这种拆分的概念不是很明确,但是国际标准内容拆分的框架基本确定下来了。在会议决定将一项国际标准拆分成三个部分国际标准后,工作组紧接着提出了另外两个部分国际标准的技术方案,并向国际电工委员会的 P 成员提交了相关文件,供各方讨论。各国随后投票通过了这两项国际标准项目的立项。

这次会议之后,C 企业把会议纪要和其他相关材料报送到国际电工委员会报警和电子安全系统标准化技术委员会(IEC/TC 79)秘书处进行审查。审查后秘书处认为项目提案与欧盟的音频和视频的进门系统用设备标准(EN 50486)有冲突而且重叠部分较多。因此,2013 年,我国与欧盟在此方面进行了讨论,焦点在于要么把这项国际标准项目砍掉,要么把音频和视频的进门系统用设备标准砍掉。双方针锋相对,不断开会协调。其间,C 企业作为工作组组长,充分利用会议的叫停权,在会议间歇与对方进行深度沟通。在沟通中,C 企业着重了解了对方为什么要把国际标准适用范围限定在特定产品,为什么坚持保留技术相对落后的标准。从沟通中获知,对方的产品已经有多年的销售基础,有完善的生产线和测试标准,如果现在突然升级,那么之前的生产线、检测设备等都可能全部废弃。如果全部要重建,那么对相关企业来讲是不现实和难以接受的。针对对方的这些顾虑和立场,我国专家提出了以下问题:我们提出的标准是不是在技术要求方面更高,我们提出的标准是不是在安全性方面要求更高。最后,双方通过协商达成一致意见。对方的产品标准适用在产品的便利性方面,不是以安全性为目的,而我国产品既适用于便利性,也更多支持安防性、安全性要求。通过明确产品标准目的和适用范围把双方的产品区分开了,解决了标准之间冲突和重叠的问题。

C 企业通过国家标准委把上述讨论结果形成报告并发给 IEC/TC 79。报告中强调了既然国外产品属于低端产品,那么其标准就不可能代表整个行业的水平。由此,更加说明我国的国际标准提案是必要的。然而,IEC/TC 79 秘书处建议双方将两项标准合二为一。因此,在 IEC/TC 79 米兰年会上,各方又经过多轮的持续沟通,最终达成了共识,即把欧洲标准内容纳入我国提出的国际标准中并进行质量分级。一级产品适用便利性要求,且是通用要求,而二级产品不仅适用便利性要求,也更多支持安防性、安全性要求。这样,通过产品分等分级解决了融合问题。此后,此项国际标准的制定开始步入快车道。

C 企业原本计划将产品的应用形式也写入产品标准,但国外专家不赞同此想法。把产品应用形式写入产品标准,并不会对国外的产品产生影响,但是,国外专家普遍认为既然是产品标准就要有检验方法,不希望人们看到产品标准后就会设计产品,而且认为产品应用形式不应该是产品标准的必需部分,因此不同意将产品应用形式写入产品标准。但是,在应用指南标准中加入产品应用形式和介绍产品应用的楼宇,会为相关企业带来很多好处。如果有企业想设计同类产品,可以在应用指南标准中找到相关信息。由此,最后决定将产品应用形式放到了应用指南标准的附录中。

在制定高安全楼宇对讲系统这部分国际标准时,各国专家讨论了很长时间。高安全楼宇对讲系统国际标准中所提的"高安全"主要是满足机场、石化行业等的防爆要求。我国专家把它看成是一个对讲系统,但不仅仅是楼宇对讲系统。高安全楼宇对讲系统国际标准的适用范围是对对讲应用领域的拓展,包括医院、机场、报警柱、监狱、电梯等领域。这里的"高安全",并不是更高安全性,而是拓宽了应用范围。当时,由于没有更好的名词,所以在国际标准中沿用了"高安全"。把国际标准草案分发给相关国家征求意见时,各国也没有提出更好的意见,所以只能在国际标准中暂且使用"高安全"。

欧洲国家对我国提出的产品检测方法也提出了异议。任何国际标准,特别是产品标准,如果有性能指标,那么就必须有检测方法,而且检测方法也需要各方的认可。当时,中国提出的前程声音、端到端的检测方法在国际上都是没有的。既然是新的检测方法就要从理论推导、验证测试、实际效果等方面来说明。这些检测方法是由我国首创的,并在我国已经使用了七八年且相当适用,但在当时还没有获得国际认可。为了使我国首创的检测方法得到国际认可,C 企业进行了理论推导、ITV 模型构建,如对于模型的加权值,通过产品对比来检验是不是合理,检测效果好不好等。

最后,我国一共主导制定了五项国际标准,包括三项产品标准和两项应用指南标准。尽管系列标准中的《楼宇对讲系统 第 2 部分:高安全楼宇对讲系统要求(ASBIS)》《楼宇对讲系统 第 3—2 部分:高安全楼宇对讲系统应用指南(ASBIS)》是由我国主导制定的,但实际上是以德国为主推进这些项目,德国想借此推介其纯软件平台产品,因此,此部分国际标准与其他国际标准之间存在脱节。此后,我国又推动修订了这部分国际标准,增加了有关人工智能的内容等。

第一项国际标准从 2012 年开始制定,直到 2016 年才发布,而其他四项国际标准的制定周期普遍要短于第一项国际标准。首先,前期对系列标准总体结构的认同,使得在后面四项国际标准制定过程中主要是针对具体条款进行讨论。其次,第一项国际标准制定的成功经验,使得后面四项国际标准在制定过程中有了可以参照和引用的内容。这些因素使后面四项国际标准相对于第一项国际标准来讲容易很多。

我国能够成功主导制定楼宇对讲系统系列国际标准主要有以下五个方面的原因。

一是技术领先。在第一项国际标准制定过程中,我国提出的技术方案得到了各个国家的认可,主要是由于技术上领先,并占有很大优势。同时,各国专家在会上提出的意见或者要求,我国通常会在第一时间组织专家进行试验和研发。由于参与人员主要是研发人员或研发管理人员,因此对涉及的技术问题非常清楚。参与国际标准制定的其他国家专家在企业中都是总工程师级别的,也很清楚技术问题,这使得双方在协商过程中提出的问题能够很快得到确认。由于这项国际标准的技术内容质量比较高,因此在投票时,虽有投弃权票的,但没有反对票,最终这项国际标准全票通过并发布。

二是有效沟通、协商。制定国际标准是一个复杂的过程。在此过程中,沟通很关键。为了制定这项国际标准,我国总共召开了 10 余次面对面的国际会议。各国都很重视这项国际标准,每个国家通常会有六七个专家参加,最少也有两三个。其中最多的一次,我国要面对 20 多个专家。虽然这项国际标准是由我国主导,但我国也就只有一票。因此,通常不采用表决形式,而是在会上会下努力进行沟通,暂时沟通不了的部分,先放到后面,回头再来讨论。沟通很重要,但很多时候还是会因为语言或者习惯问题而产生误会。做国际标准还需要过语言文字关,不仅要有较强的英语听说能力,而且文笔写作也是相当重要的,文字表达出来的内容要准确。此外,编写国际标准要熟知 ISO/IEC 国际标准的编写规则。

三是技术方案选择采取了灵活的策略。在国际标准制定过程中,技术方案的选择需要采取灵活的策略。要想说服国外专家接受我国的技术方案,不仅要提供试验数据,而且还要有检测设备等。让他们能够按照我国提出的检测方法,使用同样的检测设备来检测他们的产品,来验证是否符合标准,或者通过较小的修改后能否符合。如果我国提出的技术方案不能使对方信服,那么双方沟通起来就会相当困难。另外,如果我国提出的技术要求使其他国家的产品不能进入市场的话,那么其他国家也不会同意。产品功能性部分一般不需要检测和试验验证。但是,在标准中规定的产品性能指标方面,必须有依据和出处,而且还需要搞清楚理论计算。这可能需要经过多年的检测,如果是在中国做的检测,那么检测设备是什么,产品达到什么水平,这些都需要证实。通常要把产品拿到国外进行检测,如果中国有检测设备,也可以拿到中国来进行检测。在检测完成后,需要将复测报告提供给国外专家。国外的检测公司如果在中国有合资公司或办事处,通常会将产品拿到合资公司或办事处进行检测。任何技术指标的提出都需要付出很多心血。如果提出的是一个新的方案、新的检测方法,那么,都需要从理论推导、验证测试、实际效果等方面来进行说明。

四是国际标准化文件要由经验丰富的专家来编写。国际标准草案要由经验丰富的专家来编写,以保证草案的质量。参加国际会议的代表应是能对国际标准草案提出意见的技术专家。国际标准草案讨论会议一般只有半天时间,时间非常有限,如果会议准备不充分,那么讨论的内容也会很有限。因此,提交会议讨论的国际标准草案的条款和编写的质量很关键。工作组在讨论时要对国际标准草案进行逐条讨论,以确保国际标准条款的准确性。同时,要与国外专家进行充分沟通,听取他们的意见并对其进行充分研究。会议的相关材料需要在会前一个多月通过邮件发给国内外专家,并提前与他们进行沟通。只有这样,才能有效提高国际标准草案讨论会议的效率。对各国提出的意见还要进行综合,并进行比较。制定国际标准是一个群策群力的过程,只有这样才能保证国际标准的质量。

五是制定国际标准要遵循有用准则。好的国际标准制定出来,各国都愿意使用。而且,国际标准的实施能使行业的产品质量整体提高。我国主导制定国际标准的目的是促进我国产品出口,把产品卖出去,占领市场,减少贸易壁垒。由于楼宇对讲系统系列国际标准是由 C 企业发起并主导制定的,因此,C 企业可以声明其产品执行相关国际标准,而且能将楼宇对讲产品出口到任何国家。

在每个技术方案或者国际标准草案提出来以后,国内专家在参加国际会议之前应先形成统一意见。国内企业间的产品也存在一定竞争,在制定国际标准时,国内企业间的意见能否达成一致也很关键。在国际标准制定过程中,也会涉及一些技术保密内容。标准发起者企业一般不会把保密的技术告诉国外专家,但是,常规性的技术问题是不可能完全避开的,甚至有时会涉及一些专利问题。

主导制定国际标准可以提升企业的形象和知名度,也可以引领产业发展。C 企业主导制定这一系列国际标准以后,其知名度、产品的市场竞争力都有了明显提高。

【关键节点】

楼宇对讲系统国际标准化案例关键节点包括向国家标准委提出起草国际标准的申请、国际标准提案国内协商、标准提案国际协商、各方技术妥协、国际标准化组织发布标准、企业知名度和产品的市场竞争力都明显提高等(见图 4-1)。

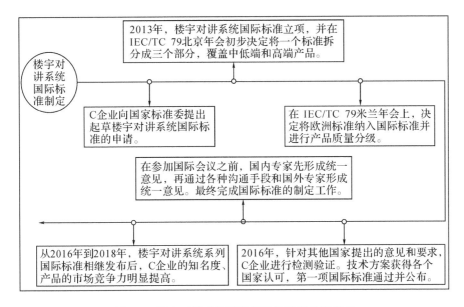

图 4-1 楼宇对讲系统国际标准化案例关键节点

【启示与解析】

一直以来,国外企业掌握着 U 形价值链的利润最高点,即核心原材料和终端市场,我国企业相对处于弱势地位。该系列标准的发布充分表明我国专家的工作得到各国的认可,既提升了我国在全球安防领域的地位,又有助于推动我国楼宇对讲系统行业"走出去"。

国际标准制定过程中面临的关键问题是与相关标准融合的问题。标准化对象趋同,导致国际标准提案的技术内容与已有标准之间出现冲突和重叠问题,这时候就需要把新标准和已有标准的技术内容进行融合。标准技术内容的冲突意味着双方相关产业利益之间的冲突,标准之间技术内容能否实现融合取决于各方利益能否得到平衡。在国际标准制定的过程中,如果遵循零和博弈,那么是很难形成国际标准的。因此,只有各方不断沟通,听取对方的利益诉求,通过利益妥协才能实现融合,形成的技术方案才能被各方所接受,才能形成国际标准的技术方案。

一个标准化对象需不需要编制成若干部分标准由很多因素决定。如果适用于范围广泛的通用标准化对象,则不宜编制成若干部分标准,但如果存在标准篇幅过长、标准使用者的需求不同、标准编制目的不同等情况,可考虑将一个标准化对象编制成若干部分标准。该系列标准根据通用和特定方面分为通用要求、数字楼宇对讲系统、高安全楼宇对讲系统要求、通用系统应用指南、高安全楼宇对讲系统应用指南等 5 部分。通常,在国际标准起草前就应该考虑并确定是否需要将标准分为若干部分以及各部分之间的关系等。

国际标准关系着整个行业乃至国家的技术创新竞争力。与欧美企业相比,国内之前还没有形成以企业为主体、实质性参与国际标准制定的机制,在一定程度上导致了楼宇对讲系统领域国际话语权的缺失。鉴于楼宇对讲系统国际标准是全球市场准入的参照标准,且已经成为全球楼宇对讲系统企业国际市场的争夺焦点,因此,直接参与国际标准的制定对于我国楼宇对讲系统行业提高国际地位至关重要。

技术优势转化为国际标准是必然趋势,掌握了核心技术,就掌握了国际标准制定的主导权,因此,大力发展技术,促进技术创新,对于我国掌握国际标准制定权,提升国际影响力,调整产业结构具有重要意义。国际标准发起者 C 企业的产品技术不仅在国内领先,在国际上也具有领先优势,并且其国内外市场份额占比达到 1/4 以上,具备主导制定国际标准的技术、人才储备和市场。

国际标准能带动新技术的产品和服务,进而帮助企业发展规模经济,并使其业务国际化,提高其市场地位,推动产品和服务"走出去"。国际标准发起者 C 企业通过主导制定国际标准提升了企业形象和知名度,带动了企业产品"走出去",扩大了国际市场占有率,极大提高了企业的销售额。同时,通过制定国际标准减少了全球楼宇对讲产品贸易中的信息不对称问题,简化了其商品结构,进而促进了国际贸易发展。

总之,成功制定国际标准应具有以下方面的条件:一是技术先进;二是有效沟通、协商;三是技术方案选择要采取灵活的策略;四是国际标准化文件要由经验丰富的专家来编写;五是制定标准要遵循有用准则等。

案例五 市场需要与国际标准

从相互妥协到相互竞夺通信领域国际标准

由我国主导制定的射频连接器国际标准,应用于下一代移动通信网络联盟(NGMN)推荐的 5G 标准接口。本案例从国际标准发起者的视角,系统讲述了从技术研发与国际标准立项到国际标准制定参与者普遍接受的过程。重点阐述了以市场需求为导向,多家企业进行技术研发,然后由业内选定最优产品并将其转化为专利,再竞夺国际标准话语权的具体过程。企业如何选定国际标准提案议题并有效控制议程,成功主导制定国际标准?

【案例详情】

在互联网时代,通信在某种意义上关系着一个国家的命运。2G 时代,我国未充分重视通信领域,在国际上几乎无话语权。3G 时代,我国意识到危机,开始跟上世界脚步。4G 时代,TD-LTE 的突破让我国通信技术第一次成为世界主流技术,但核心代码还是引用他国。2018 年 11 月,在全球通信技术的 5G 方案大战中,中国华为以绝对优势击败欧美国家,其主推的极化码(ploar code)成为 5G 短码的最终方案。5G 发展的每一个阶段,都有很多标准产生,谁能够掌握更多标准,谁就能在 5G 领域拥有更多话语权,而话语权之争,实质是各个国家核心利益的博弈。

伴随移动通信技术的飞速发展,射频连接器已广泛应用于移动通信系统的收发天线、设备与电缆,以及设备与设备之间的连接。随着多进多出技术及载波聚合技术等移动宽带技术的普及应用,基站及其配套设备不仅需要提供更多射频端口,还需要支持更多的频段,传统连接器出现功率容量过剩、体积及重量不符合安装需求等问题。中等功率容量、体积小、重量轻的新型射频连接器开发势在必行。5G 时代,因单独的射频连接器应用已经不能满足小型化、模块化的要求,催生高性能集成化射频连接器产品。中国多家电信企业合作开发了多通道射频连接器 MQ4/MQ5 系列产品并实现量产。新产品已取得专利,并成为下一代移动通信网络联盟推荐的 5G 标准接口。

对于制定国际标准,选题很重要。国际标准的选题一是看市场需要,二是看能力和资源。国际标准发起者要和市场、企业紧密接触,不仅需要了解市场的需求和企业的能力,而且要知道是否已经有相关国际标准和国外标准等。如果已经有相关产品和标准,还要看这些产品和标准与我国的产品和标准是否兼容,使用的技术是什么和技术的研发程度如何等。在对已有产品、标准和技术进行比较评估的基础上确定是否需要提出国际标准提案。总之,如果市场没有需要,就没有必要提出国际标准提案。如有必要提出国际标准提案,就要对市场急需的项目开展预研。5G 通信需要用连接器,市场对连接器的需求达到几亿只。在我国研发连接器之前,多家欧美巨头电信企业已开发了 4230 连接器,这个产品对我国通信行业影响较大。如果一个基站原来用 30 多根馈线,就是 8 对连接器,即 16 个连接器,那么使用多通道的连接器,就要 60 多个连接器,而且我国 5G 基站的密度比 4G 基站、3G 基站要大得多,因此,这是一个很大的市场。为应对国外的 4230 连接器,我国企业联合开发了一个名为 mq4 的产品,主要是实现设备的小型化。首先,我国多个企业同时对产品进行研发。其次,对研发的产品进行定型、选型,行业团队对产品的结构尺寸进一步优化后制作成样品。最后,通过试验,把测试效果比较好的产品申请专利。国外的 4230 连接器是单通道的,而我国的是多通道的,因此,产品申请专利后就开始发起制定国际标准。

立项是国际标准制定过程中最关键的环节之一。在国际标准提案即将投票的时候,国外企业为阻止我国产品成为国际标准,投诉我国产品专利侵权。实际上,我国产品并没有侵犯该企业的专利,但为了解决专利纠纷和尽快使国际标准项目立项,国际标准发起者与该企业进行了沟通。虽然国际标准发起者与国外企业进行了多次交涉,但由于该企业的目的是拖垮这个项目,国际标准发起者不得不重新修改技术方案,即对单通道接口部分的内导体和外导体的结构进行了改型。改型完成后,经过试验形成新产品,从而解决了双方的专利纠纷。

为了使自身利益最大化,技术所有企业明确专利不免费许可使用。对于专利免费或不免费许可使用,主要是根据哪种策略能使国际标准提案通过的概率更大。采用不免费许可使用专利策略的主要原因是其产品与国际市场上的同类产品相比有明显的技术和价格优势。

国际标准提案想要在国际会议上顺利通过,会前准备很重要。在会前要充分准备项目提案,防止会上无话可说,或者提不出关键意见。要成功主导制定一项国际标准,首先产品要更好,至少在某些方面更强。而且对于哪些方面更强,必须说清楚,否则其他国家不会投票支持。在国外有类似产品的情况下,国外专家也想使本国的产品进入市场,这会使双方协商变得更加困难。在协商的过程中,有时候不是靠技术说话,而是靠市场说话。庞大的市场很重要,而我国拥有全球最大的产品使用市场。所以,面对不同的情况,要有不同的应对方法。

投票之前,需要得到足够的支持。因此,不能等到投票时才做沟通工作。在国际上,5G 通信应用市场很大且我国具有绝对优势。但是,最早的产品都是国外研发的,如通信电缆。在这个领域,我国一些国际标准提案失败的最主要原因就是美国反对,且欧洲其他国家也反对,使国际标准提案立项无法通过。因此,一是要处理好与欧美国家的关系,二是要处理好技术冲突。其中,关键是消除这些国家的顾虑和担忧。欧美国家普遍担心如果我国主导制定通信领域国际标准,那么就会使它们失去该领域的竞争优势,因为我国的生产和出口能力强大。虽然这完全不是技术原因,但是如果能消除这些国家的顾虑和担忧,就会找到出路。

未来,5G 应用会非常广泛,电线电缆、连接器、微波传输等产品都可以应用 5G。因此,这些市场需求较大但尚未有国际标准的产品,制定国际标准,成为我国努力的方向。制定一个国际标准,要做很多事情。需要各国参与投票,特别是在目前欧美国家"抱团"的情况下,我国争取到这些国家的支持很重要。因此,要让各国认识到该项国际标准,不只对中国有用,对其他国家也有用,对这个市场更有用。我们要积极在国际标准化机构任职,诸如主席、秘书等。如果技术委员会主席由中国人担任,那么对我国参与国际标准化活动更有利。要充分利用国际会议提出提案,如果各国都认可,就可以减少很多沟通成本。如果反对意见很多,就需要做工作。通过沟通等工作,让各国认可提案,这就需要及时了解相关信息,为沟通工作做好技术准备。我国开发的多通道连接器之前没有国际标准,因此,我国提出了相关国际标准提案。虽然在制定过程中与美国产生了很多纠纷,但最后还是成功立项。

在设计、研发产品时就开始谋划制定国际标准,有利于新产品快速进入国际市场。一个新产品要进入市场,需要大力宣传。如果新产品能制定成国际标准,那么就能很快进入国际市场。当然,在制定国际标准的过程中,要充分考虑新标准与市场上已有产品的兼容性和互换性。在我国提出国际标准提案之前,国外已经有很多企业在生产这类产品,因此必须考虑标准之间的兼容和互换问题,否则国际标准提案很难被立项通过。任何一个产品都要有不断完善的过程。虽然我国的产品相对于已有产品来说整体上有很大的技术优势,但也有个别地方需要完善。在提出国际标准提案之前,既要考虑国际标准的技术指标与我国产品互换的问题,也要考虑与欧洲产品互配互换的问题。要实现这个目标,需要将标准样品送到各地的移动基站进行检验,确定能否与当地的设备匹配。连接器国际标准对通信行业非常重要,如果产品不符合国际标准,各国都不会采用。如果通信行业相关产品没有国际标准,那么各个国家就会制定自己的标准。这类产品的出口要满足市场目标国的标准,比如,我国产品的配套电缆采用欧洲标准,就能使其迅速进入欧洲市场。但由于不是国际标准,所以在进入欧洲市场前需要依据当地的技术法规或标准对产品进行大量的符合性检验,这将会付出较大的代价。

这项国际标准提案的成功立项为争取更多的项目成为国际标准打下了良好基础。提出一项国际标准提案其实很不容易,标准发起者在行业领域内要有比较深厚的积淀。如果在某行业领域里的时间较短,较难提出国际标准提案。

主导制定一项国际标准会面临很多困难。首先,如果想要通过制定产品国际标准来占领市场,其他国家会以各种各样的手段来阻止。因此,加强沟通,争取更多的支持就显得十分重要。其次,制定国际标准需要既懂专业又懂标准化的专业人员。研发技术人员的优势在于技术,但技术强的人不一定标准制定能力强。标准是国际通用的语言,要让各国都能明白,你在干什么、说什么,逻辑思路要清晰,前后需协调配套。因此,我国需要加大培养既懂专业,又熟悉国际标准规则,还精通英语的国际标准化复合型人才。最后,对于标准化对象,要懂得产品应该有哪些性能,应该用哪些方法,方法的科学性、合理性,还要懂得技术合规性、国际惯例等。制定国际标准还要兼顾各方利益,适用于各个国家,如果其他国家都不需要,就会投反对票,那么这项国际标准提案就很难成功立项。

【关键节点】

射频连接器国际标准化案例关键节点包括国际标准选题、国际标准提案的提出、解决专利纠纷、必要专利许可策略选择、与已有产品和技术兼容和互换、国际标准成功立项等(见图 5-1)。

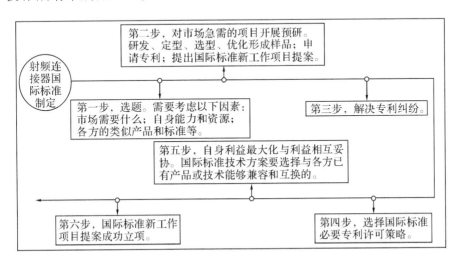

图 5-1 射频连接器国际标准化案例关键节点

【启示与解析】

聚焦关键领域重点突破,注重长期规划,紧跟行业国内外技术动态,并主导制定国际标准,这是目前企业在市场竞争中的有效策略。企业主导制定国际标准,一方面可以进入行业最高水平圈子,另一方面可以紧跟市场需求,帮助客户解决实际问题,进而实现长足发展。

国际标准化工作是一个基于技术等多种因素、各国专家寻求共识的过程,时间相对较长,需要人员相对稳定。国际标准化工作对企业技术提升、人才培养都有很好推动和辅助作用。在技术优势和产业优势领域,我国积极参与国际标准制定可以推动我国产业向更高水平迈进。

参与国际标准化活动时,一是要有规则意识,在参选国际标准化组织的领导职务过程中,掌握规则是至关重要的。二是要有国际视野,国际标准制定和应用是全世界的,需要让每个国家的每位专家充分表达自己的意见,达成共识,这有助于后续国际标准的实施应用。

在国际标准化活动中,挑战无处不在。国际标准制定通常是一个开创性工作,企业的参与使国际标准更接地气,但是同时也带入自己的利益诉求,因此如何达成真正的"国际共识"是国际标准制定过程中的难点。

国际电工技术委员会对有关电工、电子领域的国际标准化工作有很大的影响力,国际标准引领技术进步,引领产业健康发展。5G 技术会改变我们的生活方式,5G 时代的到来,我们的通信会变得更加快捷,数据量、传输速率的改变会影响各行各业。

国际标准能充分体现各国行业的核心竞争力。特别是信息通信等高新技术领域,谁主导制定国际标准,谁的利益就最大,因此,各国的利益博弈几近白热化。

国际标准的议题选择很重要。国际标准首先是基于需求,没有需求的国际标准也就没有应用场景,必然会成为"垃圾标准"或"僵尸标准",造成社会资源的浪费。如果国际标准技术方案中涉及专利,需要处理好与利益相关者的冲突,甚至需要重新修改技术方案。具有技术优势的国际标准有明显的外部性和网络效应,有助于推广产品和不断完善产品。标准必要专利采用免费或收费许可策略时,不仅要根据技术是否有优势或为独有技术,还要看产品使用市场的大小,归根结底取决于哪种策略既能够确保成功转化为国际标准又能够使自身利益最大化。

本案例中,射频连接器国际标准有效解决了技术性贸易壁垒问题,降低了进入国际市场的成本,带动了我国相关产品检测设备"走出去"和产业的发展。

国际标准技术方案的选择既要考虑自身利益的最大化还要考虑更大范围相关方的利益。一项国际标准提案要充分考虑与已有产品或技术标准的兼容性和互换性,这样才容易被更多相关方接受和支持,才能使国际标准提案通过立项。

一项国际标准的成功制定,除了标准发起者具有技术和市场优势外,人才优势也很关键。因此,培养既懂专业,又懂规则,还精通外语的复合型国际标准化人才就显得十分重要。另外,对于国际标准的发起者,自身利益的最大化是驱动其发起国际标准的主要原因,因此,国际标准化人才还应该懂经营或市场营销等。

案例六 国际共识与国际标准

从中药材技术分歧到共识再到国际标准

经过近 4 年的努力,我国主导制定的 ISO 18662-2:2020《中医药术语 第 2 部分:中药炮制》国际标准于 2020 年 3 月正式发布。这是世界首个中药炮制类术语国际标准。本案例从标准发起者的视角,介绍了中药炮制术语国际标准制定的背景,揭示了中医药技术的国际分歧、冲突和调和的全过程,着重描述了我国与日本、韩国和欧美国家在中医药国际标准话语权方面从斗争、竞夺到调和的细节。我国中医药如何克服国际刻板印象,突破日本、韩国和欧美国家的阻碍,成功转化为国际标准?

【案例详情】

世界各国对中药的需求和中医药国际化的趋势势不可挡,但囿于中医药国际标准化程度的不同而放缓了中医药国际化脚步,造成各国民众对中医药的理解和接受程度有所差异,这不利于进一步弘扬中医药文化。因此,推进中医药标准国际化迫在眉睫。中医药国际标准化建设是时代发展的需要,是中医药走向国际的需要,是中药现代化的需要,是中华民族伟大复兴的需要。

目前,全世界中成药市场每年销售额达到 300 多亿元,而在全球拥有绝对中药材的中国却只占了 5% 的份额。日本、韩国所占份额高达 80%—90%,而日本中药制剂的生产原料 75% 从我国进口。这些国家从我国进口粗加工中药原料后再进行精加工,制成符合国际标准的片剂、胶囊等。我国的中成药已经销售到全球,日本是除中国以外,最大的中成药生产国与消费国。日本汉方药年生产总值已超过 1000 亿元,在国际市场上的中成药、中药保健品贸易中,日本产品占较大份额。自 20 世纪 90 年代以来,韩国中药产业的发展势头也较为强劲。与我国中药注重原料种植相比,韩国原料的加工操作更加规范,标准更加严格,且包装宣传到位,相同等级的参类产品单价是我国的 25 倍。之前,我国对中成药设置了较高门槛,限制了中成药的生产和买卖。在经济全球化的今天,传统产业的国内优势并不代表国际市场的优势,在全球一体化的背景下,中医药必将伴随着中国经济的发展和文化的传播走向世界,将受到越来越多国家的认可,这是中国制药企业最大的战略机遇,需要在技术创新、质量创新、国际标准化上下功夫。

我国中医药术语标准化团队始建于 20 世纪 90 年代。自 1996 年起,中医药术语标准化团队在全国率先开展了中医药术语规范化、标准化研究,承担了《中医药常用名词术语辞典》(2001 年出版)的编写工作,主持起草了 GB/T 20348—2006《中医基础理论术语》,该标准于 2008 年获得中国标准创新贡献奖标准项目奖三等奖。2014 年 5 月,中医药术语标准化研究中心成立,促进了中医药术语标准化团队的发展壮大。

2015 年,中医药术语标准化团队成为 ISO/TC 249/WG 5(国际标准化组织/中医药标准化技术委员会/第五工作组)中方依托单位,中方任 WG 5 联合召集人和秘书,我国中医药术语标准化团队由此登上国际舞台。ISO/TC 249(中医药)一共有 7 个工作组,WG 5 是其中之一。《中医药术语 第 2 部分:中药炮制》国际标准是由 ISO/TC 249/WG 5(术语和信息)负责制定的。

在《中医药术语 第 2 部分:中药炮制》国际标准提案提出之前,原本提出的是《中医药炮制》国际标准提案,但是被否决了。其主要原因是,中医药炮制内容比较广泛,应该制定一系列标准。所以,标准发起者经过研究后再次提交了《中医药术语 第 2 部分:中药炮制》国际标准提案,这是一个基础标准,也是第一个有关中医药的国际标准。通过此术语标准把中医药炮制"行话"确定下来,也为制定一系列中医药炮制国际标准奠定了基础。

ISO/TC 249 中医药标准化技术委员会中的国内外专家参与了此项国际标准的制定,主要涉及日、韩和欧美国家。国际标准以英语、法语为官方语言,所以需要母语是英语和法语的专家参与制定标准工作,以使得国际标准文本更加专业。此项国际标准的制定经历了预研阶段(PWI)、提案阶段(NP)、准备阶段(WD)、委员会阶段(CD)、征询意见阶段(DIS)、批准阶段(FDIS)等,完全严格按照国际标准制定工作程序和时间要求进行制定。

《中医药术语 第 2 部分:中药炮制》国际标准对于中药材鲜品、道地药材,以及国际贸易都非常重要。我国主导制定此项国际标准的优势在于炮制技术是我国独有的,而且我国在 ISO/TC 249/WG 5 担任职务。但在制定此项国际标准的过程中也遇到了较大阻力,尤其是日本和韩国提出了很多反对意见,日本和韩国阻挠的主要原因是它们也想主导制定这项国际标准。为了能使这项国际标准提案获得立项,我国与日本、韩国等国的专家进行了大量沟通。由于日本和韩国等国家的阻碍,该项国际标准的制定拖延了一年。虽然日本和韩国等国家一直反对我国的提案,但是,它们没有中医药炮制技术方面的专家,因而提不出技术性反对理由,提案虽拖延了一年但最后还是通过了立项。

对于中医药术语类标准的沟通还是相对容易的,如果涉及更广泛的中医药基础理论方面的国际标准,协调难度会非常大。我国还有 3—4 个中医技术理论方面的国际标准提案,由于日本和韩国一直在设置障碍,这些提案在短期内都无法获得立项。主要原因是它们认为我国的中医药是落后的。日本和韩国认为我国中医药源于古代中医,而它们的是现代化的中医药,叫汉方医。而且,日本和韩国都认为自己的中医药才是正宗的。譬如,我国煎药是用泥土罐,而它们是用不锈钢容器,且全自动化,所以认为我国的中医药落后。中日韩三国中医药领域的专家经常在一起工作,在业务上、学术上的交流也很多,包括通过视频会议、电子邮件等方式交流。但是,在国际标准制定过程中,双方都据理力争,互不相让。日本和韩国在中医药理论上有自己的独特之处。虽然日本和韩国都承认中医药源于古代中医,源头是中国,而它们的中医药是向中国学习的,但认为中国的理论不是现代中医药的主体,是落后的,而它们的中医药是现代化的。这种观念在日本和韩国已经根深蒂固。但是,我国不认同这种观点。

近年来,以美国为主的欧美势力,联合打压我国参与国际标准化活动,想维持自身在国际标准化领域的领导地位,政治已经对国际标准化工作产生了重大影响。虽然我国在中医药领域的一些国际标准提案被否决,但是还是有可能成功制定国际标准的,例如,微针系统的眼针、头针等国际标准,因为反对者反对国际标准提案需要提出充足的技术性理由。随着我国的经济科技实力越来越强,参与制定国际标准的专家也会越来越多,且我国很重视国际标准化工作,因此,国际标准化之路将越走越宽。

国际标准制定的难点在于协商,而协商的目的是达成国际共识。《中医药术语 第 2 部分:中药炮制》国际标准立项后,工作组定期召开会议对国际标准草案进行讨论。每年召开一次 ISO/TC 249 全体会议,所有的工作组都要参加。会议是由秘书处召集的,每年都在不同的国家召开。在会上,专家针对每个议题,逐条进行讨论。日本和韩国等国专家对我国的提案提出了很多意见,对于他们提出的意见和问题,我国逐一进行了研究和回复,并不断尝试说服他们。

在国际标准制定过程中,国外专家的选择也是影响国际共识达成的重要因素。如果盲目选择参与国际标准制定的专家,将会造成比较高的沟通成本。因此,要主动、有目地选择对我国相对友好的国外专家。但是,中医药领域国外专家较少,主要包括日本、韩国、欧美国家,以及东南亚国家。

国际标准中并不要求其技术是最好的技术,核心是一定要达成共识。各方在技术上达成共识是成功制定国际标准的关键。中医药产业只有通过国际标准才能走向世界,我国在中医药领域掌握多个核心技术,主导制定相关国际标准具有优势。由于很多中医药技术是我国独有的,日本、韩国等国家虽然对我国主导制定中医药国际标准极力反对,造成国际标准制定周期的延长,但不能从根本上阻止国际标准的制定。因此,即使我国在中医药国际标准化进程中会遇到日本和韩国等国家的阻力,但凭借独有的技术优势,依然可以通过双方的妥协最终达成技术上的共识,进而成功主导制定中医药领域的国际标准。

此后,我国中医药术语标准化团队承担了国家重点研发计划"中医药现代化研究"重点专项课题"中医术语及信息国际标准研制",在研《中医基础理论术语 第 1 部分:基本术语》《中医基础理论术语 第 2 部分:生理术语》等国际标准新工作项目。这些国际标准的制定与发布将有助于规范中医药术语,促进中医药的国际交流与贸易。

【关键节点】

中医药术语国际标准化案例关键节点包括中医药炮制标准化对象选择、按国际标准制定程序进行制定、日韩反对意见的处理、达成国际共识、中医药术语国际标准促进中医药领域的国际交流和贸易等(见图 6-1)。

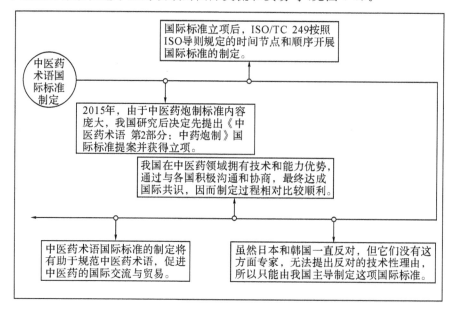

图 6-1 中医药术语国际标准化案例关键节点

【启示与解析】

中医药标准化是中医药走向世界的必由之路。该标准为世界首个中药炮制术语国际标准,其关键作用在于建立中药炮制学术语概念体系,建立中药炮制学术语库和知识库,满足国际中医教学、医疗、科学研究、管理、出版、贸易及学术交流需求。

中医药国际标准的制定将提高中药饮片质量,适应我国中医药学产业的发展和国际贸易需求,有利于提高中医药产品和服务的国际竞争力,促进中医药成果的推广与传播,规范中医药行业管理,在促进世界经济贸易发展、保证中医药质量安全等方面发挥重要技术指导作用,也为我国与"一带一路"共建国家开展中医药合作提供了良好的发展机遇。

随着中医药国际标准化工作的推进,我国的中医药逐步走向世界,正在为其他相关国际标准提供有力的支撑,同时也将极大地推动中药材的国际贸易,推动中医药国际标准化的进程。中医药国际标准体系建设应该以市场需求为导向,根据中医药国际发展的特点和要求,积极推动建立更加高效、灵活、务实的国际标准化体系。

技术优势是获取国际标准制定权的重要因素。在中医药领域,我国的技术具有独特优势,因此,借助国际标准推动中医药走向国际,对发扬中医药事业、造福全人类具有重要意义。但由于中医药认知的国别差异和日本、韩国等中医药普及度较高的国家代表的利益不同,以及政治目的不同等因素,即使是术语类这样基础通用性标准的制定,我国也遇到了前所未有的阻力。只有通过沟通交流、提交科学合理的技术方案等手段才能将技术优势转化为国际共识,解决彼此的分歧或打消反对者的顾虑,最终形成国际标准。当然,中医药术语等基础通用性标准也会对各国开展交流和贸易产生很大影响,因此,主导制定中医药相关术语国际标准对我国中医药发展具有重要意义。

案例着眼于中医药如何获得国际广泛认同,从达成共识到成功制定国际标准,讲述了中医药国际标准制定过程中利益、技术的激烈冲突和调和,揭示了沟通协商、专家选择、技术优势对达成技术上的国际共识的重要影响。

案例七　话语平台与国际标准

由技术优势转化成金属和合金的腐蚀话语平台

国际标准化组织于 2008 年通过决议,由我国承担 ISO/TC 156 金属和合金的腐蚀技术委员会秘书处工作。本案例从亲历者的视角,系统介绍了在金属和合金腐蚀领域由技术跟踪、参加国际标准化会议、实质性参加工作组工作、与领域专家建立良好关系、及时掌握技术组织工作动态、承担和开展秘书处工作的过程,重点描述了争取金属和合金的腐蚀国际标准话语平台的细节。我国如何从缺乏国际标准话语权,到承担国际标准化技术委员会秘书处工作,成功竞夺国际标准话语平台?

【案例详情】

在国际标准化组织中,金属和合金的腐蚀试验方法主要由 ISO/TC 156 金属和合金的腐蚀技术委员会负责,其主要任务是开展金属材料腐蚀试验方法和防腐蚀方法领域的标准化活动。该委员会目前由我国承担秘书处工作,现有 50 多个成员国参加该委员会活动,其中 P 成员 20 多个。ISO/TC 156 下设 1 个分技术委员会、1 个咨询顾问组(AG)和 12 个工作组(WG)。ISO/TC 156 的 12 个工作组,涉及基础标准、大气腐蚀、加速腐蚀、电化学腐蚀、晶间腐蚀、阴极保护、高温腐蚀等主要腐蚀领域。从承担工作组秘书处工作的国家来看,美国、日本、瑞典、英国及中国等在腐蚀领域具有较强科研实力并占据主导地位。自 2008 年我国正式承担 ISO/TC 156 秘书处工作后,积极推动各项工作开展。同时,日本、美国等国积极参与,承担了大量技术工作。ISO/TC 156 发布的国际标准既包括基础标准,如术语和数据分析的一般原则,也包括典型腐蚀类型的具体标准。自我国承担秘书处工作以来,每年都召开年会,委员会发布的国际标准数量不断增加,成为国际标准化组织非常活跃的技术委员会之一。

在国民经济各个领域,腐蚀现象非常普遍,腐蚀造成了巨大的经济损失和社会危害。虽然许多权威的腐蚀学者或研究机构倾向于把腐蚀的定义扩大到所有材料,但由于腐蚀给合金材料造成的损失巨大,金属和合金腐蚀是最引人注意的问题之一。据估计,全世界每年因腐蚀报废的钢铁设备相当于年产量的 30%。与直接损失相比,腐蚀造成的间接损失更加巨大,腐蚀引起的停产、损耗增加等间接损失更加惊人,甚至引起火灾、爆炸,造成人员伤亡等严重事故。因此,开展金属材料环境腐蚀研究对合理选材、科学用材非常重要。我国在该领域进行了大量的科研工作、数据积累和经验总结,为国际标准化工作打下了良好的基础。

自 1983 年以来,我国就对金属和合金腐蚀领域国际标准进行了跟踪研究,组织来自宝钢股份、中国科学院等单位的几十位专家参加了 ISO/TC 156 会议。2000 年以后,针对我国腐蚀试验方法标准不完善、没有完全同国际接轨和国内一些试验方法没有用标准的形式固定下来的情况,我国组织开展了腐蚀试验方法采标工作和专项课题研究,积极将国际标准转化为我国国家标准。为了加强国际国内一体化工作,专门组织国内腐蚀领域具有较高专业素养和外语水平的专家参加 ISO/TC 156 年会。专家深入各个工作小组后,通过听取工作小组报告,参与问题的讨论,针对国际标准中涉及我国的问题积极发表意见,与国外专家深入沟通,以此对国际标准的具体问题及制定程序有了更深入了解。同时,通过参加各个工作组会议,展示了我国专家的责任心,改善了我国专家在国际会议上的形象,增进了中外专家之间的交流,特别是与 ISO/TC 156 时任主席及核心专家建立了联系,为我国后来承担其秘书处工作打下了良好的基础。

2006 年之前,ISO/TC 156 秘书处设在俄罗斯,主席由加拿大专家担任。英国、法国、德国、瑞典、加拿大、日本、捷克、俄罗斯等国家都积极参与该领域的国际标准化工作。虽然俄罗斯在该领域具有非常深厚的技术实力,但由于经济不景气,该秘书处长期以来工作并不积极。2007 年,因秘书处工作停摆,计划在英国召开的年会先是推迟,最终未能如期举行,导致各工作组的项目无法正常进展。由于该领域的国际标准化工作非常重要,各个成员国也非常关注,因此,ISO/TC 156 主要 P 成员对原秘书处进行了弹劾,同时,原秘书处承担国俄罗斯也正式向国际标准化组织中央秘书处提出放弃承担 ISO/TC 156 秘书处工作的申请。消息发布后,瑞典、日本立即提出承担该秘书处工作的申请,俄罗斯又提出继续承担秘书处工作的申请。与此同时,我国也提出了承担秘书处工作的申请。由于我国在该领域参与工作的深度不够,在竞争中处于劣势。在申请过程中,我国国家标准化管理委员会对申请工作进行了指导并给予了大力支持。国际标准委充分发挥了参与 ISO/TMB 会议的作用,凭借当时国际标准化组织鼓励发展中国家与发达国家共同承担秘书处工作的政策,说服了瑞典与中国共同承担秘书处工作。同时,我国国内技术对口单位也充分展示了丰富的国际秘书处工作经验。最终,国际标准化组织于 2008 年通过决议,由中国承担 ISO/TC 156 秘书处工作。

承担 ISO/TC 156 秘书处工作之后,秘书处承担单位积极开展工作,但由于原秘书处管理较为混乱,没有留下任何资料,很多工作通过电子邮件无法进行沟通。当时面临的情况是,之前承担秘书处工作的国家没有提供任何支持,国际标准化组织网站上电子文档管理也不完善,很多资料并没有及时上传至 ISO/TC 156 工作网站,增加了工作难度,尤其是遗留的待推进的工作项目需要重新梳理。同时,由于存在与其他国家的竞争,许多成员国对我国是否有能力承担秘书处工作持怀疑态度。因此,秘书处与主席协商,决定于 2009 年 1 月紧急召开年会。在此年会上,秘书处连续 5 天参加了 13 个工作组的所有会议,对所有历史项目进行逐个筛选,整理出 35 项遗留的待推进的工作项目,明确了所有工作项目的现状,并就下一年度工作内容和下届会议之前要达成的目标进行协商和讨论。在召开的全体会议上,通过了 40 多条全会决议。秘书处扎实的工作消除了各成员国对秘书处工作能力的质疑并获得了高度认可。ISO/TC 156 各个工作组的召集人是联结秘书处和工作组的纽带,和其保持良好的关系,才能够有效沟通和及时解决发现的问题。另外,主席的作用也非常重要,如果秘书处和主席形成合力,相互配合,将会使秘书处的工作事半功倍。同时,我国要充分利用承担秘书处工作的优势和影响,吸引国内腐蚀专家实质性参与国际标准化工作,为秘书处的可持续发展提供技术保障。2010 年4 月,ISO/TC 156 秘书处在我国苏州召开第 22 次年会和 13 个工作组会议。这是我国承担 ISO/TC 156 秘书处后首次在中国举办的技术委员会全会。这次会议对 20 多个工作项目进行了讨论,并启动了一批新的工作项目。秘书处的有效工作和会议的周到安排,得到了与会专家的高度认可。这次会议吸引了国内专家的广泛参与,标志着 ISO/TC 156 的国际标准制修订工作进入新的阶段。

我国作为秘书处工作承担国在 ISO/TC 156 的工作想要进一步提升,只有承担更多的技术工作,才能稳固秘书处的地位,保证我国在该领域的话语权,并推动我国参与国际标准化工作。在 2010 年之前,我国没有担任过工作组召集人,仅派出专家参与。2011 年,ISO/TC 156 第 23 次年会召开之前,秘书处利用自身优势,把会议文件转发给国内专家,并积极收集和整理相关专家的意见和建议,形成中国意见。在这次年会上,秘书处成功协助我国专家成为 ISO/TC 156/WG 5 的工作组召集人。中国专家代表提出了两项新工作项目提案,并与与会各国专家代表进行了深入讨论。其中,《金属和合金的腐蚀低铬铁素体不锈钢晶间腐蚀试验方法》提案顺利立项,实现了我国在金属和合金腐蚀领域主导国际标准项目的突破。在 ISO/TC 156 的 2012 年年会上,另一项国际标准提案《金属和合金的腐蚀钢铁户外大气加速腐蚀试验》由于试验适用条件的限制,遭到多个欧洲的专家的质疑而没有获得立项。虽然当时没有成功立项,但也积累了经验。之后,我国主导制定的 ISO 19097《金属和合金的腐蚀阴极保护用金属氧化物阳极加速寿命测试方法》、ISO 21207《人工大气腐蚀试验包括交替暴露于腐蚀促进气体、中性盐雾和干燥中的加速腐蚀试验》,以及《模拟海洋环境钢筋耐蚀试验方法》等项目相继立项。

通过秘书处的持续推动,ISO/TC 156 建立起门类齐全的标准体系,标准体系中既包括基础标准,如术语和数据分析的一般原则,也包括典型腐蚀类型的具体标准。为从整体性、系统性和优化性角度对腐蚀进行科学的控制,ISO/TC 156 于 2016 年成立了 ISO/TC 156/SC 1 腐蚀生命周期控制分技术委员会,以期在安全、环保、节能等方面发挥腐蚀研究成果的突出作用。秘书处承担单位通过大量卓有成效的技术和协调工作,吸引了约 50 个国家及相关联络组织共计 100 多名金属和合金腐蚀领域的专家积极参与国际标准制修订工作。2016 年,在原主席任期结束后,由我国专家申请担任该技术委员会主席并通过。同时,我国还担任了咨询顾问组召集人,负责战略规划的编写。战略规划的编写可引领技术委员会的发展,进一步确立了我国在该领域的话语权。

近年来,由于欧洲经济低迷,一些国家对基础性科研工作支持力度减弱,P 成员的参与度减少,项目立项变得困难。我国在该领域的技术影响力仍需进一步提高,专家的积极性也需进一步调动。与日本等国家相比,我国参与国际标准化工作的长效机制尚未建立。另外,秘书处需要进一步加强与国内外技术专家的沟通,充分利用承担秘书处工作的优势,打造金属和合金腐蚀领域国内外专家交流的平台,争取更多方面的支持,真正做到国内国际工作一体化推进。

【关键节点】

金属和合金腐蚀领域国际化标准案例关键节点包括跟踪研究、采用国际标准、共同承担技术委员会秘书处工作、独立承担秘书处工作、组织召开技术委员会全体会议、成立分技术委员会(见图 7-1)。

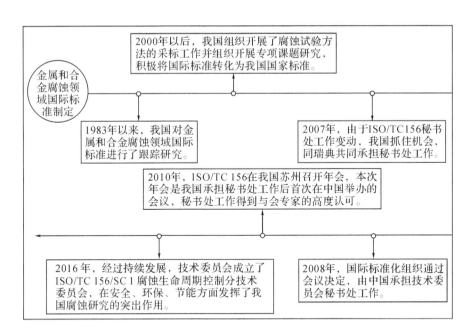

金属和合
金腐蚀领
域国际标
准制定

2000年以后，我国组织开展了腐蚀试验方
法的采标工作并组织开展专项课题研究，
积极将国际标准转化为我国国家标准。

1983年以来，我国对金
属和合金腐蚀领域国际
标准进行了跟踪研究。

2007年，由于ISO/TC156秘书
处工作变动，我国抓住机会，
同瑞典共同承担秘书处工作。

2010年，ISO/TC 156在我国苏州召开年会，本次
年会是我国承担秘书处工作后首次在中国举办的
会议，秘书处工作得到与会专家的高度认可。

2016年，经过持续发展，技术委员会成立了
ISO/TC 156/SC 1腐蚀生命周期控制分技术
委员会，在安全、环保、节能方面发挥了我
国腐蚀研究的突出作用。

2008年，国际标准化组织通过
会议决定，由中国承担技术委
员会秘书处工作。

图 7-1　金属和合金腐蚀领域国际标准化案例关键节点

【启示与解析】

ISO/TC 156 秘书处的竞夺和成功运行，表明了作为话语平台的技术委
员会秘书处在确立领域国际标准制定话语权方面发挥着重要作用。获得技术
委员会秘书处话语平台关键在于长期跟踪领域国际标准化动态，通过采用国
际标准等形式追踪领域国际技术发展趋势，适时竞夺国际标准话语平台。

我国为承担技术委员会秘书处工作采取的主要策略有：第一，获得国家标
准委的大力支持，充分利用 ISO/TMB 相关政策。我国成功竞夺 ISO/TC 156
秘书处的策略是巧妙利用当时国际标准化组织鼓励发展中国家与发达国家共
同承担秘书处工作的政策，成功说服了瑞典与中国共同承担秘书处工作。第
二，从管理和技术两个层面加强秘书处成员的工作能力。秘书处成员在处理
日常事务的同时，要熟悉和掌握国内外标准情况，加深对标准本身的理解和研
究；要加强对国际标准化组织导则的学习，导则是国际标准化工作的基本指

南,国际标准制修订的每个环节都要严格按照导则的规定开展,做到有据可依;要加强沟通、管理和协调能力,尤其是加强和各个工作组召集人与主席的沟通。第三,积极承担 ISO/TC 156 秘书处工作,充分展示秘书处的工作能力,创造和搭建国际领域专家与国内专家之间交流的机会和桥梁。第四,利用秘书处的工作,积极吸收国内专家的意见和建议,并形成中国意见;协助中国专家担任 TC/SC/WG 的职务。本案例中技术委员会秘书处成功协助我国专家成为 ISO/TC 156 的主席、ISO/TC 156/WG 5 的工作组召集人和咨询顾问组召集人,通过在技术委员会秘书处担任职务可以引导委员会的发展方向,进而确立该领域的话语权。此外,在制定国际标准的时候,要提前做好调查研究,透彻分析立项可行性,为顺利制修订国际标准奠定坚实基础。

秘书处工作的承担对于掌握领域国际标准制定权和参加国际标准化活动有积极影响。承担国际标准化组织等国际标准机构的技术委员会和分技术委员会秘书处工作,对国际标准化组织等有事实上的控制权。这有利于主导和把控新技术国际标准的制定,有利于将国内标准变为国际标准,进而提高本国相关企业产品的国际竞争力,迅速占领市场,扩大规模,获取超额利润,最终导致企业和行业经济效益的增加。

当然,承担技术委员会秘书处工作后,关键是要积极参与技术工作,只有将技术转化为国际标准才能真正掌握产业发展的话语权,才能改善我国产品和服务的国际市场竞争空间和地位,推动中国产品和服务"走出去"。同时,秘书处要发挥领域国际标准化工作的纽带和平台作用,国内国际一体化推动秘书处工作。

案例八　行业术语与国际标准

从模具行业术语到国际公共产品

我国主导制定的 ISO 21223:2019《冲模 术语》国际标准于 2019 年 12 月正式发布,这是我国首次主导制定模具相关的国际标准。案例从国际标准发起者的视角,介绍了积极参与和主办模具领域国际标准化会议、提出模具领域相关国际标准提案、提案被否决后的再次提出、提案成功立项、国际标准制定等过程,着重描述了模具行业在国际标准化活动中由"冷门"领域到成功提出国际标准提案的过程,总结和反思了模具类术语基础标准制定的经验和感受等。标准发起者 D 企业如何将国际上关注度比较低的模具行业术语标准转化成国际标准,使其成为国际公共产品?

【案例详情】

随着第四次工业革命浪潮的到来,加快建设制造强国成为我国发展的重要战略。以标准引领产业发展,以标准促进创新成果转化,是促进高水平开放,引领高质量发展的重要举措。模具是支撑制造业的重要基础工艺装备,模具工业是支撑一个国家制造业由快到强发展的重要保证。2018 年,中国模具行业总产值达 2800 亿元,出口模具总额超过 60 亿美元,其中冲模的应用范围和使用量在模具的 12 大类中占据首位。冲模和成型模是大批量、快速精确制造汽车、家电等各类产品的标准零部件和配件不可或缺的工艺装备。中国是模具制造大国和出口大国,产品已经出口到 100 多个国家和地区。在全球模具市场中,中国模具产业是最大的,每年出口的模具总额大约为 50 亿美元,进口总额 15 亿—16 亿美元。很多国家一般是采购模具,基本不生产模具。

模具相关的国际标准与国际贸易之间的关系十分密切。在 2015 年之前,国际标准发起者 D 企业很少参加国际标准化活动。自 2015 年起,D 企业开始积极参加国际标准化组织相关国际会议,并发现我国的模具产业发展得比其他国家要好,因而产生了发起制定国际标准的想法。那时,我国正在制定模具术语的国家标准。因此,D 企业起初试图以国家标准为蓝本提出国际标准提案。但是,由于模具术语不仅包含冲模术语、塑料模术语等模具术语,还包括锻造模术语、压铸膜术语等,如果把所有模具相关术语整合起来形成国际标准草案将会篇幅过大,因此,D 企业不得不采取逐个领域开展国际标准化的策略。经过充分考虑和对各种因素的权衡,最终决定首先提交《冲模 术语》国际标准提案。

ISO/TC 29/SC 8(国际标准化组织/小型工具技术委员会/冲模和成型模分技术委员会)负责冲模和成型模领域国际标准的制定、修订和管理。其中,P 成员有:中国、法国、德国、意大利、朝鲜、波兰、俄罗斯、瑞典、瑞士、英国;O 成员(观察成员国)有:奥地利、比利时、捷克、匈牙利、印度、以色列、日本、韩国、荷兰、罗马尼亚、塞维利亚、斯洛伐克、南非、西班牙等。我国将《冲模 术语》国际标准提案提交 ISO/TC 29/SC 8 后,在第一次立项投票时并没有获得通过。此次提案没有通过立项不是因为技术方案方面的因素,而是由于对我国的提案感兴趣的国家数量没有达到相关规定的要求。根据 ISO/IEC 相关导则的要求,提案至少要有 5 个国家同意参与才能立项,而当时的提案仅有 3 个国家同意参与,因此,该次的立项投票没有获得通过。

后来,我国专家在参加 ISO/TC 29/SC 8 国际会议时提出由中国举办年会的申请。由于这之前的 ISO/TC 29/SC 8 年会主要在法国、意大利和德国等国家召开,从来没有在中国举办过,因此,我国的申请很快得到了技术委员会专家的支持。年会举办得非常成功,我国模具业界专家学者受邀旁听了会议。在这次年会上,我国专家与其他国家的技术委员会专家代表之间建立了良好的沟通渠道和关系。随后,我国再次向技术委员会提出《冲模 术语》国际标准提案,并成功立项。在立项投票会议上,我国专家代表重点阐述了制定《冲模 术语》国际标准的目的和意义,着重强调制定《冲模 术语》国际标准的目的是在国际贸易、采购等方面谈判有所依据,方便产品国际贸易。我国提出的提案得到了德国、法国、意大利、瑞典等国家的支持,这些国家同意参与这项国际标准的制定工作。因为以上这些国家都是制造业强国,也存在模具出口的需求。从以上可以看出,这项国际标准提案能够成功立项,与技术方案内容的关系不大,主要是争取到足够多的国家参与。该国际标准提案从提出到立项花费的时间比较长,而从立项到发布,仅花费了 3 年时间。总体来讲,此项国际标准的制定还是相对顺利的。

《冲模 术语》国际标准草案规定了冲模类型、零部件及结构和设计要素共计 180 多个术语及定义,并给出了落料模、弯曲模、拉深模、复合模、级进模、圆凸模和圆凹模等 7 张冲模及零部件的结构示意图。此前,这些术语和定义的来源不同,其英文翻译也不同。翻译方法的差异,导致不同国家用不同的称呼指代同一个东西,而模具结构图差异并不大。因而,不同国家专家在交流时,只有拿图纸,才能清楚某个术语指的是什么。通过术语国际标准,这些原本五花八门的翻译都统一了起来。

结构图有时也涉及一些专利。但是,专利一般为非必要专利,可实现的路径比较多。如果不按照专利,换一种结构,同样也能把东西做出来。在此项国际标准的制定过程中各方没有太多的争议,各国专家主要聚焦在怎么翻译更合理上。

术语国际标准的制定通常没有什么难度,很容易达成共识。但也可能遇到一些问题影响国际标准制定的进程,例如,在技术委员会秘书处发出草案或文件后,有些国家成员体机构可能反馈意见较慢,或者没有提出太多意见和建议而导致标准制定进程缓慢。

国际标准制定后,对产业或者标准发起者的好处很难直接体现出来。因为,术语国际标准不是技术标准,而是基础标准。因此,技术委员会的意见一般不用试验验证。此外,模具领域主要涉及机械零部件,因此没有需要验证的地方。

此后,我国又提了一项轮胎模具的国际标准提案。在提案提交给 ISO/TC 29/SC 8 后,其秘书处给出的回复是技术委员会缺少轮胎模具方面的专家,也没有做相关标准的条件,所以这项国际标准提案没有通过立项。国际技术委员会与国内技术委员会的工作方式并不一样。在国内,模具归口的技术委员会如果没有所需技术相关专家,是可以专门聘请的。但是,在国际技术委员会,如果没有相关领域的专家,它就不会推动相关工作,也不会去聘请专家来参与。

【关键节点】

冲模术语国际标准化案例关键节点包括参加国际标准化会议,提交国际标准提案,国际标准提案的否决与立项,征询意见的处理、沟通与交流,《冲模术语》国际标准发布等(见图 8-1)。

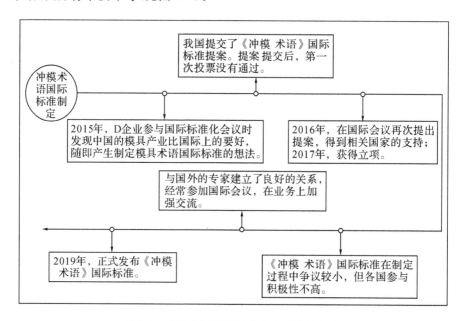

图 8-1 冲模术语国际标准化案例关键节点

【启示与解析】

本案例从国际标准的提出、制定等环节，分析了作为国际产品的《冲模 术语》国际标准制定过程中各方的关注点。

术语类国际标准对一个国家的技术或者产业通常不会有所冲击。术语类国际标准不同于产品类国际标准或技术类国际标准，是基础标准。模具不涉及发明创造和核心技术，一般都是基础通用的，不涉及国防、军用等情况。

《冲模 术语》国际标准有助于冲模用户、制造商和经销商对冲模技术术语的理解和交流使用，对科研、教育、培训、出版等领域具有重要意义，对促进国内外冲模企业、机构进行技术交流，推进全球经济一体化和技术、贸易双多边合作等发挥重要支撑作用。

我国积极推进国内模具标准与国际标准的质量对接、体系兼容，促进国内标准成为国际标准。与国外专家之间建立密切关系有助于提高国际标准制定的成功率和效率。要与国外专家建立良好的关系，需要经常参加国际会议，有时候还需要到现场参会，在业务上进行深入交流。如果只是通过视频、电话、邮件等，有时候难以建立密切关系。将相关专家请到中国开会，是最直接的办法之一。通过现场开会，可加强彼此的交流，提高沟通的效率。

我国主导制定《冲模 术语》国际标准，对扩大我国在国际标准化组织的影响，推动国内模具标准成为国际标准和促进模具行业技术进步具有重要意义。

案例九　检测方法与国际标准

生丝类检测方法国际标准的竞合

2014年5月,国际标准化组织正式发布ISO 15625:2014《生丝 疵点 条干电子检测试验方法》国际标准。这是由我国主导制定的第一个丝绸领域国际标准,也是国际标准化组织发布的丝绸领域的第一个国际标准,是我国丝绸领域标准国际化的重大突破。紧接着,国际标准化组织于2018年11月正式发布了ISO 21046:2018《丝类 蚕丝纤度检测方法》国际标准。案例从国际标准发起者的视角,介绍了我国在生丝类检测方法国际标准制定过程中面临的观念差异、竞争与合作问题,以及如何把握国际标准制定时机,竞夺国际标准话语权;揭示了生丝类检测方法国际标准提案的提出、立项过程和各国围绕国际标准制定的多个方面和细节展开的博弈。生丝主产国和消费国的利益是不同的,那么生丝类检测方法国际标准制定过程中丝绸主产国和消费国应该怎么去竞争与合作?

【案例详情】

我国是世界茧丝绸生产和贸易第一大国。生丝更是我国为数不多的在国际市场上占据主导地位的资源型商品,而且我国丝绸产品在国际市场上保持

72

着明显的数量和质量优势,具有较强竞争优势。印度也是丝绸制造和出口大国,是我国在国际市场上强有力的竞争对手。

长期以来,各国生丝质量检验一直沿用传统的黑板检测方法。这种检测方法虽然直观、形象,但存在自动化程度不高,检测结果易受检验人员的素质、经验以及情绪等因素的影响等问题,且无法客观了解生丝条干、疵点等方面的质量情况。另外,传统检测方法由于效率低下,饱受业界的质疑与批评,成为阻碍国际生丝贸易的重要瓶颈。

各国在出口生丝时都需要进行质量检测。但是,各个国家的检测方法存在差异,导致其质量无法统一评价。比如,我国主要采用抽样检测方法,抽样的数量是重要的指标。检测纤密度就是检测细度,需要摇取一定的长度称重量。摇取的长度不同,重量肯定是不一样的。抽样的样本不同,样本的波动也不一样。各个国家对测纤密度方法的标准都不一样,有的是摇 100 回,有的是摇 400 回不等。因此,有必要制定统一的检测方法国际标准。20 世纪末以来,我国丝绸界在生丝电子检测设备和检测方法等方面进行了大量的研究工作,并根据生丝的特点,确定了"光电＋电容"多锭的生丝电子检测技术路线,建立了生丝电子检测示范实验室。从 2004 年起,我国专家就先后在我国和欧洲举行的各种会议上,与生丝主产国和消费国的专业人员在技术层面进行了充分的沟通和交流。我国提出的采用"光电＋电容"多锭的生丝电子检测技术路线得到各国丝绸界专家的一致认可。同时,我国专家进行了大量的生丝检验及各类对比试验,这为此项国际标准的制定打下坚实的技术基础。

先后经历 5 年的预研,我国于 2009 年 10 月正式提出《生丝 疵点 条干电子检测试验方法》国际标准提案,并经 ISO/TC 38/SC 23(国际标准化组织/纺织品技术委员会/纤维和纱线分委员会)的 23 个成员国投票通过后立项。这项国际标准采用了电子设备进行自动化检测的新检测方法。在这项国际标准提案立项时,印度和法国等国家投了反对票。印度与我国都是生丝生产国,存在市场竞争关系,因此,印度投了反对票。法国是消费国,需要从中国、巴西、印度购买生丝,所以对此国际标准高度关注。由于法国认为如果由我国主导制定此项国际标准,其技术要求将有利于我国厂家而会牺牲法国生产商、制造商、消费者的利益,因此法国不希望由我国来主导制定这项国际标准。法国主要是利用生丝织造绸缎,由我国提出的国际标准提案难以满足法国织造商的需求。法国的织造商讲究抱合,而我国的国际标准提案里不涉及抱合,因为我国生产商极力回避有关抱合的内容。此外,法国喜欢浸泡丝,但我国不生产浸泡丝,因为如果生产浸泡丝,容易出现疵点且质量不高,导致市场价格不高。由于各方专家代表的是不同的利益,因此,每次投票的时候,法国、印度会把我国国际标准草案稿中不完善的地方抄送给其他国家,希望其他国家也投反对票。当然,我国专家也会通过邮件等方式与其他国家专家进行技术交流,向他们传递客观的技术信息。最后,虽然一些国家对我国的提案投了反对票,但是提案因获得绝大多数国家的支持而通过立项。

《生丝 疵点 条干电子检测试验方法》国际标准自 2010 年 5 月正式立项以来,我国与来自意大利、瑞士、法国、韩国、印度、日本、德国、肯尼亚等 8 个国家的专家成立了联合专家组进行攻关,开展了大量卓有成效的科研工作。国际标准通常基于行业领域专家的研究成果,同时,制定国际标准还可作为研究成果转化的方式,从技术产业化的角度来讲,甚至是最为重要的方式之一。中国、日本、韩国三个国家的专家在桑蚕方面的国际交往较为密切,专家之间建立了良好的工作关系。因此,日本、韩国专家在相关会议上给予了我国大量支持。这反映出在制定国际标准的过程中,专家之间通过学术交流,建立紧密的工作关系非常重要。此外,主导或参与国际标准的制定需要大量的经费保障,这项国际标准的项目经费主要由国家提供。

《生丝 疵点 条干电子检测试验方法》国际标准规定了采用"电容＋光电"多锭的生丝电子检测设备对表征生丝质量的疵点、条干不匀检测的试验方法,并规定了检测原理、检测仪器、疵点分类与计算、检测条件和参数设置、检测程序等通用要求和特殊要求。这项国际标准解决了长期以来检验生丝质量主要靠传统的黑板人工目光检验而存在人为目光误差的问题。这项国际标准规定的生丝质量检测项目,是生丝质量评价检验工作的依据。在生丝质量检测项目中,选取织造过程中对生丝质量影响较大的项目作为分级考核项目,如纤度偏差、最大纤度偏差、总疵(电容)、总疵(光电)、粗节(电容)、粗节(光电)、SIE(电容)、条干 CVeven%、切断、单丝断裂强度和 CV%、断裂伸长率和 CV%、抱合、含胶率。同时,在生丝电子检测中,以下这些检测指标也很重要:大糙

（电容）、小糙（电容）、大糙（光电）、小糙（光电）、粗节（光电）、细节（电容）、细节（光电）、SIE（光电）、CV5m％、CV50m％等。这项国际标准规定的检测方法参照了我国的检测方法，但也兼顾了其他国家的诉求。例如，检测过程中滚轮转一周就是一回。根据我国的检测方法，一周的长度为 1.125 米，而国外为 1 米。最后，经协商，这两种检测方法在国际标准中共存，供市场选择采用。这项国际标准也规定了每种检测方法要测多长、怎么测、结果怎么计算，还规定了仪器设备的技术指标要求。例如，用天平精确到多少克，量程是多少，绕丝装置绕丝张力是多少，此外，对一些基本的通用参数也进行了规定。虽然各个国家不一样，但是基本参数需要保证一致。

各国对这项国际标准的意见集中于电子检测方法的可靠性。因为这是一个新的检测方法，与原来的检测方法的相关性如何，是不是可重复，这些都需要反复做试验。中国、意大利共同做了很多验证试验，先后开展了大量的国际实验室精密度对比试验、电子检测与传统检测对比试验，以及和巴西、印度、日本等国生丝的对比试验及分析。对于生丝的检测方法，我国进行了国际实验室间的联合对比试验，以对比检测方法的重现性，这样得出的数据比较有说服力。因此，我们在不同国家间进行了同步对比试验，主要是意大利。

这项国际标准在技术方面有许多内容，而且是全新的。此外，国际标准中的指标、检测方法等都是新的内容。所以，有的国家投反对票，只是出于对新事物抗拒的心理。同时，电子检测设备是由中国和日本共同研发的，设备传感器用的是日本的零部件，主体（主机）部分是由我国研发的。

总之，自 2010 年以来，联合专家组通过大量的验证试验，历经 20 多次国际、国内项目组会议，20 多个成员国 5 轮投票，以及对国际标准草案进行了多次修改和完善的基础上，最终于 2014 年 5 月成功发布。

另外，蚕丝纤度的检测方法国际标准长期处于空白。自 2014 年我国提出国际标准提案起，历经 3 年多，《丝类 蚕丝纤度检测方法》国际标准完成各阶段任务而成功发布。其间，印度和法国对我国提出的《丝类 蚕丝纤度检测方法》国际标准提案基于上述同样的原因投了反对票。法国提出的反对理由是已经存在纱线纤度检测的国际标准，没必要再制定蚕丝方面的。而我国提出的理由是蚕丝与其他材料不一样，检测方法也是不一样的。法国试图说服瑞士对我国的提案投反对票,但在我国与瑞士进行了面对面沟通后,瑞士最后对我国的提案投了弃权票。因此,个别国家对国际标准提案投反对票不一定是由于技术因素,也有可能是政治等其他因素。这项国际标准是检测纤度的方法,而此前的国际标准是包括疵点、条干等整体质量的检测方法。

制定国际标准的过程也是各国利益博弈的过程。我国发起制定国际标准就是希望我国产品在国际市场上能卖出好价钱。为什么国家对制定国际标准这么重视,大力支持相关单位制定国际标准? 目的就是要通过主导制定国际标准来提升我国企业或产业的国际竞争力。虽然在国际标准制定过程中,我们遇到了法国等国家的阻力,但也得到了日本、韩国、意大利等国家的大力支持。

ISO/TC 38 纺织品标准化技术委员会秘书处工作由中国和日本两个国家轮流承担,每两年轮一次。ISO/TC 38 下设多个分技术委员会,生丝类属于蛋白质纤维,是纤维和纱线分会,即 ISO/TC 38/SC 23 的工作范围。ISO/TC 38/SC 23 秘书处工作由中国和韩国轮流承担。我国提出《丝类 蚕丝纤度检测方法》这项国际标准提案的时候,ISO/TC 38/SC 23 的秘书处在韩国。承担秘书处工作有利于把控国际标准制定过程,因此各个国家都积极承担国际标准化技术机构秘书处工作,以掌握国际标准制定平台话语权。

制定国际标准应该是一个水到渠成的事情,应该在已有技术基础的条件下考虑是否发起制定国际标准。虽然我国于 2010 年发起制定国际标准,但其实早在 2004 年就开始进行研究了,并在与其他国家技术合作、技术交流五六年后才提出国际标准提案。

【关键节点】

生丝类检测方法国际标准化案例关键节点包括与主产国和消费国专家进行技术交流、提出国际标准提案并立项、技术联合攻关、技术意见的沟通与协调、试验验证、国际标准发布(见图 9-1)。

【启示与解析】

这两项丝绸国际标准的发布，打破了长期以来中国作为世界上主要丝绸生产国在国际上没有主导制定丝绸方面国际标准的局面，标志着我国丝绸产业已经具有了国际标准制定话语权。国际标准制定话语权的掌握代表着我国丝绸产业具有了在国际市场竞争和价值分配的话语权。

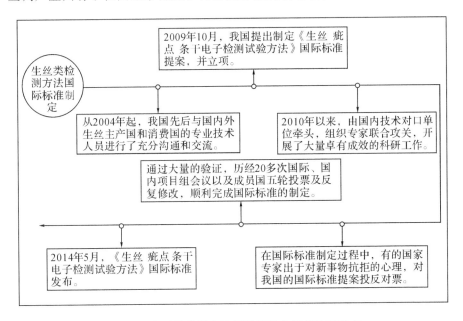

图 9-1　生丝类检测方法国际标准化案例关键节点

《生丝 疵点 条干电子检测试验方法》国际标准创新性地采用"光电＋电容"多锭的生丝电子检测技术路线，对生丝疵点和条干不匀进行检测，并对生丝疵点分类与计算、样丝制备及抽样数量、检测参数、检测程序等技术指标进行了统一规定，填补了世界生丝电子检测领域的技术空白，为下一步开展生丝智能化电子检测系统和评价研究提供了新的思路与方向。

该项国际标准的发布实施，为世界丝绸界开展生丝电子检测提供了重要的技术指导和国际通用准则，对加快建立和完善具有我国技术特点的国际生丝电子检测标准体系，促进世界生丝电子检测技术发展，提升国内丝绸企业和产品的国际话语权,促进各国丝绸经贸往来,推动我国实现"丝绸强国"战略目标,具有历史性里程碑的意义。

由于世界生丝电子检测领域技术在这之前属于空白,而且各国纤度检测方法技术指标不统一;同时,传统生丝检测方法已不能适应发展需要,饱受业界的质疑与批评,成为阻碍国际生丝贸易的重要瓶颈,因此,丝绸领域国际标准的制定,进一步加深了中国与意大利、法国等欧洲国家在丝绸领域国际标准的制定和推广应用等方面的交流与合作,不仅提高了生丝产品质量,满足了用户需求,促进了丝绸国际贸易的开展,而且也提升了我国丝绸领域国际标准制定的话语权和影响力。

国际标准以科学、技术和经验的综合成果为基础。制定国际标准是顺其自然、水到渠成的事情,是在适当的时机将科研成果产业化的重要形式之一。因此,参与国际标准化的专家应是行业专家,是行业内的技术专家代表,是既熟悉产业又懂技术的专家。只有这样才能在国际标准化技术机构的会议上发挥作用,才能参与技术细节的讨论并发表意见,推广自身技术优势,从而持续占领市场,维护自身利益。

承担国际标准化组织等国际标准化机构技术委员会秘书处工作对于掌握国际标准制定主导权,扩散本国技术,扩大本国产品的国际市场份额有重要作用。我国应不断加大科技投入,积极参与国际标准的制定工作,提升自身实力,才能在国际标准制定中拥有更多话语权。

案例十　科研成果与国际标准

铁矿石测定方法科研成果转化为国际标准

国际标准化组织于 2013 年发布 ISO 17992:2013《铁矿石 砷含量的测定 氢化物发生原子吸收光谱法》国际标准,又在 2019 年发布 ISO/TS 2597-4:2019《铁矿石 全铁测定 第 4 部分:电位滴定法》国际标准。这两项国际标准都历经 10 余年才成功发布,而且创下多个"中国首次"。本案例从国际标准发起者视角,介绍了 E 企业从参与国内铁矿石领域标准化活动,到将铁矿石检测技术科研成果转化为国际标准提案,对国际标准提案的技术内容进行实验室验证、对比、沟通、协调,最终成为国际标准的过程,揭示了巴西、澳大利亚等利益相关国家与我国在国际标准技术内容方面的博弈细节,着重探讨了方法类国际标准制定过程中面临的关键问题和对检测仪器设备行业等的重要影响。E 企业如何在国际市场的激烈竞争中将科研成果成功转化为国际标准?

【案例详情】

2003 年,我国在 ISO/TC 102 全体会议上提交了第一项铁矿石领域国际标准提案《采用氢氧化物发生和原子吸收联用测定铁矿石中砷含量的方法》。此项国际标准提案受到各方高度重视,因此,会议决定直接立项注册并成立工作组。经过各国专家10余年的不懈努力,国际标准化组织于2013年正式批准发布《铁矿石 砷含量的测定 氢化物发生原子吸收光谱法》国际标准。同年,该国际标准被英国、荷兰等国等同采用为本国标准。该国际标准是我国在铁矿石领域首次向ISO/TC 102提出并主导制定的国际标准,也是铁矿石系列标准中第一项采用联用技术的国际标准。其后,在2007年ISO/TC 102加拿大会议上,我国又提出《铁矿石 全铁测定 第4部分:电位滴定法》国际标准提案,并通过现场投票决议立项。我国是世界铁矿石生产的第一大国,也是铁矿石进口的第一大国。铁矿石领域国际标准的制定不仅直接关系到铁矿石输出国与输入国的利益,也关系到其他相关者的利益。

在全国铁矿石与直接还原铁标准化技术委员会成立之前,E企业就与全国钢标准化技术委员会秘书处承担单位建立了密切的工作联系。E企业于2003年在全国钢标准化技术委会年会上首次提出制定《铁矿石 砷含量的测定 氢化物发生原子吸收光谱法》国际标准。在这之前,E企业刚完成一项关于铁矿石中砷含量检测的科研项目,但并没有制定国际标准的经验。当E企业在会议上提出将其科研项目成果转化为国际标准的想法时,获得了与会各方的普遍支持。随后,E企业开始起草国际标准草案,并提交国际标准化组织技术机构国内技术对口单位全国钢标准化技术委员会秘书处,开启了科研成果转化为国际标准之路。

2003年,我国在ISO/TC 102瑞典年会上正式提出《铁矿石 砷含量的测定 氢化物发生原子吸收光谱法》国际标准提案。由于与会专家对此项国际标准提案普遍比较感兴趣,我国的提案顺利通过立项投票,并由5个成员国专家组成工作组开展国际标准的制定工作。此项国际标准项目总共花费了10余年的时间才完成,主要原因是日本专家对国际标准提案提出的意见需要进行大量的试验验证才能予以回答。重视日本专家的意见不仅是由于ISO/TC 102的秘书处设在日本,更重要的是日本专家提出的意见在技术上是合理的。日本专家提出的主要意见是,如果用我国提出的检测仪器进行检测,那么工作流程与其他国家不同,检测结果就有可能不同。为了回答日本专家提出的意见,E企业购买了相关试验仪器和设备进行了大量相关试验。在2005—2007年,其进行了反复试验和精密度试验。精密度试验需要在工作组成员国的实验室进行,而且需要各成员国的标准化技术机构进行协调。按规定要求,精密度试验需要在 5 个成员国的 8 家实验室进行。E 企业把标准样品发给各实验室进行试验,并对试验数据进行初步统计。然后,把初步统计的数据发给技术委员会的统计专家,由其再一次进行统计,统计之后的数据就成为精密度试验数据。通过精密度试验后,E 企业重新整理了试验报告,并在 2007 年再次向 ISO/TC 102 秘书处提交试验数据以重新进入制定阶段。此项国际标准项目是在工作组草案阶段被退回到立项阶段的。

第二项国际标准项目与第一项一样,都是以科研项目成果为基础的。2007 年,我国又向 ISO/TC 102 提交《铁矿石 全铁测定 第 4 部分:电位滴定法》国际标准提案并很快得到立项,但历经 10 余年才发布。这项国际标准项目周期长的主要原因是进行精密度试验需要花费大量的时间。

国际标准制定一般采用投票制,但在制定这两项国际标准的过程中,大多采用了评审制,评审发挥了重要作用。为什么会发生这种情况?因为在国际标准制定过程中,我国提案遭到巴西的极力反对,巴西极力反对这两项国际标准提案是由其技术内容触及了巴西的利益。虽然投票时 2/3 成员国同意,只有两个国家反对,但由于 ISO/TC 102 年会的决议,此项提案由终裁标准转为非终裁标准。因此,国际标准制定过程中,投票只是一方面,更重要的还是会议决议。

这两项国际标准主要用于铁矿石国际贸易。我国发起制定这两项国际标准的好处主要有两个方面。一是指标的选取。如铁含量、砷含量等技术指标的选取有利于我国相关产业发展。二是检测方法涉及的仪器设备的利用。通过制定国际标准,可以维护和带动我国相关仪器设备产业的利益及发展。

铁矿石领域国际标准博弈主要是在进口国与出口国之间进行。把专利技术、检测用仪器设备等放进国际标准里面是允许的。但如果专利技术进入国际标准,基本上需要声明免费许可。如果把仪器设备放入国际标准,需要花费很大精力。因为一项国际标准的制定,必定带动一个产业的发展,一方把其仪器设备放入国际标准,对其仪器设备市场将会有极大好处。

在国际标准制定中,各国选派的专家一般都是企业的技术人员、技术总监,或者是质量控制部门、营销部门人员,还有些来自仪器厂商。来自仪器厂商的专家参与国际标准制修订的目的是把对自己有利的仪器设备相关内容写到国际标准中,通过这种方式来推销自己的仪器设备。

主导制定这两项国际标准,为 E 企业参与国际标准化活动积累了丰富的经验。国际标准项目的研究工作一般在其立项之前就已经完成了。如果完成精密度试验后再提交提案的话,国际标准制定可能直接进入委员会阶段,对草案进行征求意见和评议。可以说,如果科研工作做得全面和深入,那么提案立项就会比较顺利。如果科研工作没做,只是先提一个思路,那么有可能在制定的过程中花费比较长的时间。制定国际标准的过程中会碰到各种各样的情况。有时候情况很复杂,可能会牵涉政治、地位、技术、个人喜好、利益等各种各样的问题。无论牵涉什么样的问题,其自身才是决定成功的重要因素。首先,确定国际标准草案的技术方案是关键一步。技术方案的起草考验各个方面的能力。起草者不仅要了解国内外的情况和政治因素,还要了解我国的产业和行业发展情况等。其次,国际标准发起者要有足够的专家力量和经费投入。一方面,制定国际标准需要经常出国,费用比较高。另一方面,国际标准发起者必须选派技术专家参加国际会议,只有这样才能参与技术方案的讨论,并提出意见和建议。最后,制定国际标准需要持之以恒,在遇到问题、困难和质疑时,不轻易放弃。

【关键节点】

铁矿石测定方法国际标准化案例关键节点包括提交国际标准项目提案、承担技术委员会秘书处工作国家的意见接纳、对比试验与试验验证、进入国际标准制定下一阶段、提交新国际标准提案、国际标准发布等(见图 10-1)。

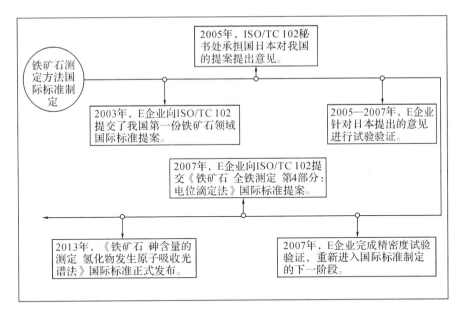

图 10-1　铁矿石测定方法国际标准化案例关键节点

【启示与解析】

近年来,尤其是我国成为世界最大的铁矿石进口国后,铁矿贸易价格多年居高不下,给我国钢铁企业造成了巨大的经济损失。同时国际标准化组织各成员国纷纷在国际标准化组织这个舞台上提升自身话语权,目的是从规则层面掌握主动权和顶层主导权,从而影响国际铁矿贸易定价权。这两项国际标准的制定虽然困难重重,遭到一些铁矿生产国代表的多次阻挠,但在我国技术专家的不懈坚持下,最终获得成功。

技术的生命周期是从少数人掌握到多数人能够使用,国际标准在其中发挥着重要的作用。科研成果借助于国际标准实现技术的扩散,让少数人掌握的技术实现扩散,进而实现多数人的使用。因此,技术标准的基础是科研成果,科研工作越全面、深入,科研成果转化为国际标准所用的时间就越短。

ISO 2597-4:2019《铁矿石 全铁测定 第 4 部分:电位滴定法》国际标准利用电子手段判断电位滴定终点,测算全铁含量。该方法首次引入小波导数变换技术,与传统化学法相比,能成倍缩短检测周期,大大提高全铁测定的精密度和自动化程度,避免人为因素,提高货物通关效率。

全铁含量是铁矿石国际贸易中最重要、最敏感的验收指标之一,直接影响到铁矿的贸易价格,涉及国际经济利益。E企业采用新方法推进铁矿石标准技术发展,为我国在国际标准化领域增强话语权、维护我国在国际技术谈判中的利益发挥了重要作用,体现了中国能力和水平,提升了我国在该领域的影响力和软实力。

砷是钢铁五大有害元素之一。铁矿石的砷含量检测至关重要,砷过量容易导致钢铁产品冷脆,严重影响品质纯度。近年来进口自澳大利亚、印度的某些铁矿石的合同指标要求砷含量在0.01%以下,《铁矿石 砷含量的测定 氢化物发生原子吸收光谱法》国际标准的检测下限可达到0.00005%,而且检测过程更加快速、简单。国际标准不再使用硫酸肼等剧毒有机试剂,转而采用碘化钾、抗坏血酸等普通试剂,检测过程中产生的废气砷化氢可通过管道直接进入高温石英管燃烧消除,减少了对身体健康和自然环境的影响,检测过程更加环保。该项国际标准使检测自动化程度显著提高,有效降低了人力、物力和财力成本,捍卫了我国企业的利益。

我国是全世界最大的铁矿石买家,如果我国不主导制定更为严格的国际标准,那么意味着越来越多品质不高的铁矿石将陆续进入我国,我国钢铁产品的品质得不到保证。铁矿石作为我国大量进口的战略资源,其质量直接关系到我国钢铁行业的健康发展,只有出台更为严格、快速、方便、环保的检测标准,才能在源头上为国内钢铁企业把好第一道关。

随着铁矿石价格的飙升,市场投机情况越来越严重。这些乱象的背后,深层次原因在于我国在铁矿石国际市场话语权的缺失。产品质量是国际贸易各方的命脉,打通这一命脉的就是国际标准。因此,国际标准的制定一直以来都是贸易强国的必争领域,国际标准制定权争夺始终非常激烈,有的深藏利益陷阱,有的植入设备广告,有的则设置技术壁垒。我国作为世界贸易大国,应该发出中国声音。

本案例着重探讨了方法类国际标准对一国检测仪器设备行业的重要影响。在国际标准中加入相关检测仪器设备的方法内容,对一国检测仪器设备来说是很好的营销方式和手段,必将带动整个检测仪器设备产业的发展。

案例十一　国家标准英文版与国际标准

包装用钢带产品国际标准助力企业"走出去"

由我国提出的《包装用钢带》国际标准提案于 2019 年 7 月成功立项,这标志着我国在包装领域国际标准化工作取得重大突破。本案例从国际标准发起者的视角,介绍了包装用钢带产业背景、相关国内标准与国际标准,以及包装用钢带国际标准提案归口、程序、立项条件方面面临的困难等情况,揭示了国家标准英文版在国际标准提案成功立项中所发挥的作用。企业如何面对各个国家标准的技术差异,将我国国家标准英文版转化为国际标准,并推动产品占领国际市场?

【案例详情】

包装用钢带(俗称捆带)是一种具有较高抗拉强度和一定延展性的窄条状包装材料。因其具有良好的尺寸精度、表面质量和力学性能等特点,广泛应用于钢铁、有色金属、木材、玻璃、轻纺和化工等领域。

20 世纪 80 年代末,我国钢铁企业纷纷涉足包装用钢带产业,填补了我国相关领域的技术空白。由于包装用钢带生产连续化、大型化、自动化水平得到了快速发展,具有高附加值和广阔市场前景的超高强度包装用钢带在国内大批量稳定生产。随着装备制造水平的提升以及技术研发能力的增强，我国包装用钢带品质与产量日益攀升。目前我国包装用钢带年产量约 30 万吨，并全部实现国产化生产，成为包装用钢带制造大国。同时，通过包装用钢带生产企业的不懈努力，我国在高强度包装用钢带的技术开发上实现了重大突破。其中，非调质包装用钢带生产工艺的成功研制，不仅大幅降低高强度包装用钢带生产制造成本，而且也实现了无铅环保生产，这在全球包装用钢带生产领域具有里程碑式意义。我国包装用钢带已经走出国门，其中，每年约 2 万吨高强度包装用钢带销往美国、英国、西班牙、瑞典、越南、秘鲁等全球几十个国家。制定国际标准可以加速扩大包装用钢带的国际贸易。

在国际标准化组织中，工作范围涉及包装的技术委员会为 ISO/TC 122，该技术委员会负责包装领域中关于包装尺寸、包装性能要求和测试、术语和定义的标准化工作。在 ISO/TC 122 发布和在研的项目中，没有涉及包装材料这类国际标准。而 ISO/TC 17 钢技术委员会负责钢铁领域的国际标准化工作，包括钢铁领域的产品分类和一般交货技术条件等基础标准，测试方法和化学成分测定方法等方法标准，以及结构用钢和压力用钢等领域的产品标准。另外，ISO/TC 17/SC 12 钢技术委员会连续轧制扁平材分委员会负责热轧与冷轧薄钢板和以成卷、以卷切钢板供货的钢带，不包括镀锡板和黑皮板、不锈钢和耐热钢、厚板的标准化工作。ISO/TC 17/SC 12 发布的 30 多项标准项目中，产品的宽度均不小于 600 毫米，并要求成卷和以卷切钢板供货等。由于包装用钢带各类项目的参数设定、生产过程质量控制及检测过程等主要依托于各国的标准，国际贸易中的技术指标通常采用协议方式商定，无法实现技术参数的有效对接。

在欧洲标准化委员会（CEN）中，涉及包装的技术委员会为 CEN/TC 261。CEN/TC 261 负责包装和包装领域术语、尺寸、容量、标志、测试方法、性能要求和环境方面的标准化工作，包括初级产品、二级产品、运输的包装和装载（任何材料、形状、内容和分销系统）。CEN/TC 261 涉及的范围较 ISO/TC 122 更为广泛，并且涵盖了 ISO/TC 122 未涉及的包装材料等方面的标准。在 CEN/TC 261 发布及在研的标准项目中涉及包装用钢带标准。

在美国材料测试学会（ASTM）中，涉及包装的技术委员会为 ASTM D10

（包装技术委员会）。ASTM D10负责运输和包装领域的标准化工作及对该领域研究的促进和推动。ASTM D10涵盖的范围包括材料、设计、包装、过程、缓冲方法、测试，以及包装后产品的储存、操作、堆码、污染和运输。其中，ASTM D10.25托盘包装和加载的成组（Palletizing and Unitizing of Loads）分委员会负责包装材料的标准化工作，该分委员会制定了ASTM D4675-2014《扁平捆扎材料选择和使用标准 指南》等多项包装领域广泛推广使用的标准。

早在2002年，为顺应包装用钢带的发展，我国冶金行业制定了YB/T 025—2002《包装用钢带》行业标准。2008年，我国国产包装用钢带开始替代进口产品，而且部分产品开始出口到欧美发达国家。随着钢铁工业技术的不断进步，包装用钢带的生产也从低强度向高强度、高韧性方向发展，因此，为保持与技术发展水平同步，我国于2008年启动《包装用钢带》的修订工作，并将行业标准转化为GB/T 25820—2010《包装用钢带》国家标准。此后，在GB/T 25820—2010《包装用钢带》国家标准修订时，同步制定了其英文版。随后，将《包装用钢带》国家标准英文版转化为国际标准提案，推动国际标准化，进而促进包装用钢带的全球化贸易和我国钢铁企业"走出去"。

我国提出的《包装用钢带》国际标准提案主要规定了包装用钢带的牌号表示方法和分类、订货内容、尺寸、外形及允许偏差、技术要求、检验和试验、包装、标志、运输及质量证明书。2018年3月，我国向ISO/TC 17/SC 12提交《包装用钢带》国际标准新工作项目申请。ISO/TC 17/SC 12分委会秘书处认为包装用钢带的宽度不大于40毫米，为窄钢带，与当时ISO/TC 17/SC 12发布的标准宽度不一致。因此，建议我国联系ISO/TC 17或涉及包装用钢带客户的技术委员会。在收到ISO/TC 17/SC 12秘书处的答复后，我国随即将提案材料发给ISO/TC 17秘书处评估并表明希望在ISO/TC 17开展该国际标准的意愿。而ISO/TC 17秘书处认为，EN 13246—2001《包装 捆绑钢带规范》、EN 13891—2003《张力捆扎 拉伸带的选择和使用指南》和EN 13247—2001《包装 道路安全绳索升降梯捆绑钢带规范》等欧盟标准，以及ASTM D4675—2014《扁平捆扎材料选择和使用标准 指南》等标准都是欧盟和美国的包装标准化委员会制定的，因此拒绝接收我国的提案，并建议我国向ISO/TC 122提出申请。2018年6月，《包装用钢带》国际标准新工作项目转到ISO/

TC 122 包装技术委员会进行评估。但是 ISO/TC 122 认为日本包装用钢带执行的 JIS G3141:2017《冷轧钢板及钢带标准》参考了 ISO/TC 17/SC 12 的 ISO 3574:2012《商用级和冲压级冷轧碳钢板》标准,所以《包装用钢带》国际标准新工作项目适合在 ISO/TC 17/SC 12 开展。最后,经过 7 个多月、30 多封邮件的反复沟通,ISO/TC 122 接受了我国的提案,并提议我国与 ISO/TC 122 和 ISO/TC 17 联合起来共同开展该项目。

ISO/TC 122 的国内技术对口单位为中国包装联合会。2019 年初,国际标准发起者协调国内技术对口单位,在获得中国包装联合会批准后再次向国家标准委提交了国际标准新工作项目备案申请。2019 年 2 月,由国家标准委正式向 ISO/TC 122 秘书处提出《包装用钢带》国际标准提案。ISO/TC 122 在接受我国的提案后,在未通知项目团队的情况下,于 2019 年 4 月发起了立项投票。得知此情况后,项目组于 2019 年 5 月申请参加 ISO/TC 122 年会并介绍项目有关信息,在申请得到秘书处的批准后,项目组提前将项目介绍 PPT 发给秘书处。当项目组抵达会场时,被告知项目正在进行投票,且投票将于 7 月 1 日截止。根据国际标准化组织新规定,投票中的项目需上会展示,以保证公正性。但我国的项目展示申请是在新规定发布之前提出的,因此,经过协调沟通,参会代表表决同意项目组进行展示,这为项目的顺利开展奠定了基础。

《包装用钢带》国际标准新工作项目立项投票整体情况如下:14 个国家赞同,1 个国家反对(美国),16 个国家弃权。但在 14 个赞同国家中只有 3 个国家(巴拿马、肯尼亚、约旦)选派了技术专家,因此未达到国际标准新工作项目立项所需的参与国家成员体数量要求。根据 ISO/IEC 导则规定,对于有 2/3 的国家投赞成票(除弃权国家外)但未有 5 个国家选派专家支持的新工作项目,投赞成票的国家可以在 2 周内决定是否选派专家参与国际标准制定。如在 2 周内获得足够的专家支持,该项目成功立项。此后,经过 2 周、40 多封邮件,我国积极与已投赞同票国家的标准化机构和包装用钢带生产商、打包设备商联系争取支持。最终,截至 2019 年 7 月 17 日,中国、韩国、日本、俄罗斯、德国、约旦、肯尼亚、毛里塔尼亚和巴拿马 9 个国家选派专家参与该国际标准的制定,进而我国的国际标准提案获得立项。在投票结束后,泰国、菲律宾也选派专家参与该国际标准的制定。

这是我国包装领域首个正式立项的国际标准,标志着我国在包装领域国际标准化工作迈出重要一步。将我国国家标准英文版转化为国际标准,体现了我国的技术与标准化实力。同时,该国际标准项目也是第一次跨领域国际标准化的成功尝试。

【关键节点】

包装用钢带产品国际标准化案例关键节点包括国际标准提案因项目归口问题被拒绝、与多个技术委员会联合开展工作、项目组参加 ISO/TC 122 年会、为满足规定进行协调、沟通协调后获得立项并得到生产商和打包设备商的支持、开启国际标准研制工作等(见图 11-1)。

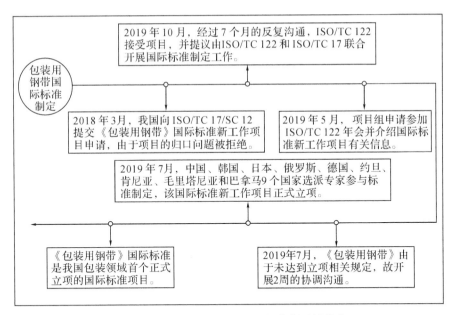

图 11-1　包装用钢带国际标准化案例关键节点

【启示与解析】

包装用钢带用途非常广泛,其技术也在不断提高。为保持与最新技术同步,《包装用钢带》不仅由行业标准转化为国家标准,而且国家标准也多次进行了修订。同时,在国家标准的基础上,将其翻译成英文版。由英文版国家标准直接转化为国际标准提案并立项,不仅大大提高了《包装用钢带》标准国际化的效率,也充分体现了我国包装用钢带相关技术在国际上具有相对优势。

国内技术对口单位负责技术对口领域国际标准化活动的组织、规划、协调和管理等工作。本案例中的国际标准提案由于对口技术机构不明确,因此,在正式提交国际标准提案前,标准发起者分别与国际标准化组织相关技术机构进行沟通,其间虽遭到拒绝,但通过多方面沟通最终明确了对口技术机构,并通过国内技术对口单位提交国际标准提案。对于国际标准化的新领域,在提出国际标准提案之前,应深入研究国外相关标准的制定情况,掌握国外类似产品对应的技术领域和标准化技术组织情况,分析新工作项目可能对应的国际标准化组织的技术机构。在此基础上,积极与相关标准化技术委员会进行协调沟通,使其能够接受提案,同时,加强与国内相关技术对口单位的联系与沟通,使其密切关注国际标准化机构相关技术委员会的工作动态。在不明确国际标准化机构时,要重点比较分析国际相关领域的标准化工作,为找准相关国际标准化组织的技术机构及提高国际标准提案立项效率打下良好的基础。

在国际标准提案涉及国际标准组织的多个技术委员会/分技术委员会时,可由若干技术委员会/分技术委员会联合开展国际标准的制定。获得立项是成功制定国际标准的关键步骤之一。因此,国际标准发起者要利用立项投票会议上展示项目的机会,充分展示项目优势和对国际贸易的好处等,获得和吸引更多国家成员体的支持和参与。另外,在提交国际标准提案后,要积极与对口技术委员会 P 成员进行沟通,争取使承诺选派专家参与新工作项目研制的P 成员数超过 4 个或 5 个。在 16 个及以下 P 成员的技术委员会至少要有 4个 P 成员承诺参与;在 17 个及以上 P 成员的技术委员会至少要有 5 个 P 成员承诺参与,以满足国际标准立项的条件。

案例十二　国产化设备与国际标准

天然气分析方法从采标到创新再到国际标准

从 2014 年到 2020 年,我国主导制定的 ISO 16960:2014《天然气 硫化合物测定 用氧化微仑法测定总硫含量》国际标准相继发布。本案例从国际标准发起者的视角,介绍了天然气行业国内技术对口单位的设立、采用国际标准、建立行业标准体系、提出国际标准项目提案,以及制定国际标准过程中各方博弈的经过,讲述了天然气硫化物测定方法标准化需求分析、国际标准提案立项和制定的过程,揭示了技术优势和市场优势在国际标准制定话语权竞夺过程中的作用。我国如何将市场优势和非原创技术转化为国际标准?

【案例详情】

20 世纪 50 年代,我国在四川发现油气田。由于在天然气生产炭黑的过程中需要分析方法标准,所以我国跟踪美国的先进技术开始研究其相关标准。随着我国对外交流的开展,标准化工作对天然气开发愈加重要。

开发油气田天然气需要天然气产品质量和分析方法等方面的基础性标准。首先,天然气从地下开采出来后,因含有硫等有害成分需要对其进行处理。其次,对产品进行评价,确定开发的规模、工艺等都需要基础数据。最后,天然气产品进入老百姓家里时会变成压缩天然气或者液体燃气,这些产品的质量都需要一系列标准来进行控制。由此,无论是前端的有害成分的处理,还是后端的质量控制,都需要检测和取样方法方面的标准。

从 1958 年到 2010 年,我国针对天然气分析测试、取样等相关技术开展了采标和标准研制等工作,积累了丰富的标准化经验。1988 年,为顺应全球天然气工业大发展趋势,成立了 ISO/TC 193 天然气技术委员会。ISO/TC 193 的工作领域包括天然气从地下开采到使用等整个过程,涵盖了天然气的产、供、销整个产业链。天然气的产品质量和分析方法以及取样都归口于 ISO/TC 193。1999 年 10 月,我国对口 ISO/TC 193 成立了全国天然气标准化技术委员会。紧接着,我国于 2001 年加入 WTO 后高度重视采用国际标准工作,同时推动中国标准“走出去”。因此,我国开始采用国际标准,相关单位开始实质性参与国际标准化工作。在这个阶段,我国主要通过采用美国材料测试学会(ASTM)标准和国际标准化组织标准等采标方式建立了国内的天然气标准体系。虽然这个时期我国主要是采用国际标准,但是在原有国际标准的基础上进行了创新、吸收和再创新。

经过多年在天然气技术和标准方面的积淀,我国已经拥有了一些具有自主知识产权的技术,特别是在硫化物的测定方面。天然气含硫是普遍现象,含硫油气田也是很普遍的。我国含硫较高的油气田主要是西南油气田、塔里木油气田等。在国际上,俄罗斯、美国、加拿大等含硫油气田也较多。自 2007 年起,我国开始从俄罗斯和中亚国家进口天然气。在天然气进口谈判中,我国和俄罗斯在总硫化指标方面无法达成共识,因为俄罗斯的标准仅规定硫醇指标而没有规定总硫指标。然而,天然气中硫含量是质量指标,对于天然气贸易结算有重要的参考价值。因此,为了促进天然气国际贸易的便利化,制定硫化物测定方法国际标准十分必要。

2010 年,在美国召开的 ISO/TC 193 会议上,我国基于国家标准提出天然气总硫测定国际标准提案。我国提出的国际标准提案因得到会议支持而被写入会议纪要,并在 ISO/TC 193 的 2011 年年会上通过了立项投票。在立项投票会议上,我国提出的国际标准提案得到了许多欧洲国家的支持。同时,因为此项国际标准的技术是美国原创的,美国也拥有实施此项国标准的先进设备,所以美国选派的工作组专家对我国提出的国际标准提案投了反对票。但即使美国反对，此项国际标准用了 4 年时间就制定出来了。当时国际标准化组织导则和现在的不一样，反对时不需要提出技术理由。

这项国际标准提案的技术方案采用的是紫外荧光、氧化微仑，原创技术来自美国。美国把这些技术用在液化石油气的检测上，而我国把氧化微仑扩展到天然气硫化物的测定。液化输气主要涉及液层，而天然气是气态，高压的气态是流动的，所以在将这些技术具体应用于天然气硫化物测定时，必须解决如何取样和选择标准物质等问题。在 20 世纪 80 年代末，我国参考美国材料测试学会相关标准制定了国家标准，其后经过不断的吸收、创新进行了多次修订。

我国天然气领域的检测设备大部分是进口的，而氧化微仑检测方法用设备国产化水平比较高且价格便宜，因此我国选择提出这项国际标准提案。

起初，标准发起者提出制定这项国际标准时，国内存在不同的声音。一部分人认为，此项国际标准的原创技术是美国的，美国不会同意我国的国际标准提案。由此，标准发起者主动与 ISO/TC 193 进行了协商，并得到明确回复，即不管是哪个国家的技术，只要有人提出制定国际标准，提出者就可以成为召集人。因此，制定此项国际标准时，我国成为项目召集人。

将世界上最先进的技术作为国际标准的技术方案，并不是代表一个国家，而是代表世界技术发展的趋势。我国后来主导制定的激光拉曼检测方面的国际标准所用激光拉曼技术也是由美国原创的。我国将这项技术应用于天然气领域而美国不应用于此领域。推广此项国际标准，不仅对我国有益，而且对美国也是有好处的。推广此项国际标准可提高我国相关检测设备的国产化水平和促进相关企业的规范化发展，进而推动国产化设备"走出去"。

由于检测方法类国际标准涉及巨大利益，所以各国对此类国际标准的关注度比较高。我国通过承办 ISO/TC 193 年会，不断加强与其他 P 成员的沟通交流，大多数 P 成员对我国的国际标准提案给予了支持，但如果损害自身利益，部分国家也会坚决反对。当然，对于反对意见，要严格按照国际标准化组织规定的程序来处理。另外，在国际标准制定过程中，与专家沟通也需要注意沟通技巧，如发邮件时，最好不要选择群发。虽然国际标准化组织有群发邮件的系统,但如果使用群发系统,国外的专家可能不会注意到,宜一对一发送邮件或者打电话,以示对对方的尊重。与国际标准化组织专家建立项目合作关系,也非常有利于我国参与国际标准化活动。

我国不仅承办 ISO/TC 193 年会,而且利用国内技术对口单位全国天然气标准化技术委员会和 ISO/TC 193 举办联合会议,并邀请国内外专家参会。在我国与 ISO/TC 193 联合举办天然气技术与标准国际研讨会上,双方秘书处主要介绍各自标准化活动的规划和发展情况,国际标准化组织的专家讲解各自项目的进展。联合办会使得双方的专家进一步加深了相互了解,使得国际标准制定的效率提高。

我国举办的三次国际研讨会得到了 ISO/TC 193 的高度认可。后来,ISO/TC 193 普遍采用这种模式办会,即在举办年会的同时举办国际研讨会,让各国专家能够更相互了解各自的项目。

在石油领域,如要把我国传统行业的国家标准转化成国际标准是存在一定困难的。例如,ISO/TC 67 煤层气等天然气相关领域的标准,由于 ISO/TC 67 长期由荷兰承担秘书处工作,所以我国参与其活动是比较困难的。因此,在这些领域,我国需要不断拓宽工作视野,加强对外交流合作,努力将自己的优势技术转化成国际标准,促进国际贸易的便利化。

【关键节点】

天然气分析方法国际标准化案例关键节点包括国内天然气技术委员会成立与标准研制、提出国际标准提案、凭借先进的设备和技术成为召集人、会前沟通和综合各国意见、承办年会与修改提案、国际标准发布等(见图 12-1)。

【启示与解析】

我国天然气领域在跟踪国外先进技术和对外交流的过程中,逐步认识到国际标准化工作对天然气开发的重要性。由于我国天然气大量含有硫等有害成分,需要对其进行处理,因此,无论是前端的技术评价,还是后端的质量把控,都需要检测和取样方法等方面的基础标准。自我国开发油气田天然气以来,针对天然气分析测试、取样等相关技术开展了采标和标准研制等工作,从而积累了标准化经验。

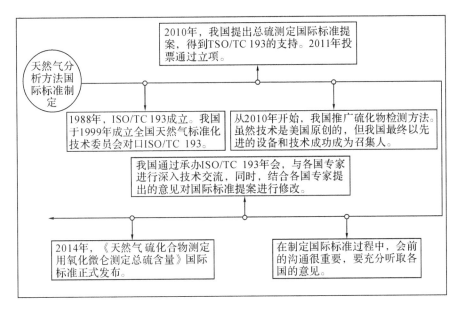

图 12-1 天然气分析方法国际标准化案例关键节点

为适应天然气工业大发展的趋势,国际标准化组织和我国相继成立了天然气标准化技术委员会承担天然气领域的标准化工作。2001 年我国加入 WTO 后,为适应全球化和遵守国际规则,开始大量采用国际标准和参与国际标准化活动,在借助国际标准化组织、美国材料测试学会等标准的基础上,创新、吸收、再创新我国的天然气标准,进而建立了我国的天然气标准体系。

由于天然气含硫是普遍现象,因此,我国在硫化物的测定方面积淀了具有自主知识产权的技术和标准。然而,由于没有相关适用和统一的国际标准,阻碍了国际贸易的便利化。

各国通过参与国际标准化活动,加强与其他国家专家的联系,获取更多的技术信息,研究和分析国际标准化的发展趋势,进而为国内产业的发展提供技术指导。在国际标准立项前,国际标准发起者就要密切跟踪相关技术发展,积极参与相关国际标准的讨论和验证,同时提出有利于我国产业发展与转型的方案,助力我国产业结构调整。在缺乏国际标准化经验的初期,国际标准发起者要敢于向国际标准化技术机构提出国际标准提案或想法,了解各国反应,然后再进行正式的提案准备。国际标准提案准备时要充分掌握国外相关技术和标准的动态,明确面临可能的困难或问题时应采取的方法和路径。例如,加强相关国际学术交流,积极参加国际标准化会议交流,与领域内专家建立合作关系,采取国内技术对口单位与国际标准化组织技术委员会联合举办年会等方案。

国际标准中的技术方案,并不代表一个国家,而是代表世界技术发展的趋势,因此,作为国际标准,其核心技术不一定是标准发起国或发起者原创的。本案例中的国际标准提案采用的紫外荧光、氧化微仑技术来自美国。美国将上述技术主要用在液化石油气上,而我国将其具体用途扩展到了天然气领域,以解决如何取样和选择标准物质等问题。不管技术来自哪个国家,无论是技术原创国还是非技术原创国都可以将其作为国际标准提案向国际标准化技术机构提出。

虽然此项国际标准提案核心技术并不来自我国,但通过我国主导将其制定成国际标准,不仅对于推广相关技术,推动国产化设备"走出去"起到了积极作用,而且为国际标准化做出了中国贡献。

意大利长期把持、主导硫化物相关国际标准的制定权,特别是色谱类的。因此,我国要主导制定硫化物相关国际标准,就必须得到意大利专家的支持。意大利虽然对我国的提案提出了一些意见,但经过积极沟通还是通过了我国的提案。当然,我国提出的其他提案也会因沟通不足受到意大利专家反对,因此,在参与制定国际标准过程中需要进行前期沟通,会前与相关专家的沟通很重要。

在石油领域的传统行业,欧美等发达国家牢牢把握着国际标准制定的话语权,我国很难参与其中。因此,我国只有加强技术创新,拓宽工作视野,才能够打破发达国家对石油天然气领域国际标准制定权的垄断。

案例十三 高质量产品与国际标准

从钢丝绳技术引进吸收到国际标准制定

ISO 8794:2020《钢丝绳 吊索插编索扣》国际标准于 2020 年 9 月发布。本案例从国际标准发起者的视角,系统讲述了钢丝绳国际先进技术从引进到吸收到再创新的过程,重点讲述了国际标准提出、制定过程中的细节。着重阐述了高质量产品和自主研发试验装备是成功主导制定国际标准和树立企业、产品品牌的关键,强调了行业领域专家对于提高国际标准化活动中的沟通效率和工作效率起到非常重要的作用。我国中小企业如何创新发展,并主导制定国际标准?

【案例详情】

钢丝绳作为承载部件,其质量标准受到生产者、用户、检测机构等的关注。钢丝绳插编索具是一种被广泛使用的吊装工具,主要用于工程建设、设备吊装、物流吊装运输、打捞作业等领域。随着市场变化和技术进步,插编设备应运而生,插编技术工艺也有了长足的进步和发展。同时,作为原材料的钢丝绳,其性能有了很大的提高,结构形式也更加多样。为了提高钢丝绳索具的质量和安全性,需要对标准进行同步修订。

钢丝绳是十分重要的线材制品,广泛应用于国民经济的各个领域。近些年,随着我国线材质量的提升和设备及工艺技术水平的提高,我国钢丝绳不仅在质量上满足了国内市场的需求,而且还建立了较为完善的标准体系,规范和促进了市场的发展。

在国际钢丝绳行业,我国是大型吊装产业的主要市场。标准发起者 H 企业是专业做海洋工程钢丝绳和钢丝绳索的,其产品在国内得到广泛应用。

H 企业自 1992 年在上海成立以来,一直在钢丝绳行业深耕,有国内先进的 2000 吨破坏性试验机。虽然 H 企业在海洋工程业务方面具有丰富的经验,但英国、法国和韩国等国外一些企业的产品质量更好。因此,H 企业努力攻克海洋工程领域的"卡脖子"技术,不断提升产品质量,进而实现超越。

H 企业攻克了起重机用钢丝绳强度技术,使我国钢丝绳的强度技术取得重大突破,企业实力也得到很大提高。但是由于 H 企业产品品牌知名度不高,因此,不得不将产品先销往德国,德国企业将其当作自己的产品再进行销售,这使得销售价格翻番,甚至还以高价再卖给我国企业。我国再借此把高质量产品卖给终端用户。高质量产品让消费者逐渐认识 H 企业,进而逐渐建立其产品品牌。

H 企业建立产品品牌是一个漫长的过程。中小民营企业的发展需要国家政策的大力扶持和支持,这样才能使那些真正掌握技术的民营企业生产的产品得到市场的广泛认可,特别是大型国有企业等认可中小民营企业生产的产品,但在实际操作过程中也会面临许多困难。如果企业的技术无法满足国外技术标准的要求,那么产品很难进入国外市场,因此,H 企业在创业初期就坚定了做好高质量产品的信念,因为有了这种信念,H 企业一直在努力赶超。H 企业加大用于起重机、小型挖掘机的钢丝绳技术的开发,努力使其产品和技术达到或超过国外先进产品和技术。

在钢丝绳领域,我国于 2008 年成立了全国钢标准化技术委员会钢丝绳分技术委员会(TC 183/SC 12)。国际标准化组织钢丝绳标准化技术委员会(ISO/TC 105)秘书处工作原来由英国承担,但自 2011 年起转交给我国,并由全国钢标准化技术委员会归口管理。国内技术对口单位极力推动国际标准与国内标准的结合,推动国内企业主导国际标准的制修订,引领行业不断提升技术水平,提高国际竞争力,努力提高我国钢丝绳在国际市场上的地位。ISO/TC 105 共有 13 个 P 成员,成员国广泛分布于欧美、亚洲。其工作职责包括钢丝绳、钢丝绳绳端、钢丝绳索具等方面的国际标准化工作。在我国承担 ISO/TC 105 秘书处工作以来,我国主导制修订国际标准多项,取得了优异的成果。

由 ISO/TC 105 制定的《钢丝绳 吊索插编索扣》国际标准在实施了很多年后由于技术落后等因素已无法适用于市场。H 企业生产的钢丝绳吊索产品由于适用于国际市场,所以产生了重新制定该项国际标准的想法。2016年,我国正式提出了国际标准提案的立项申请。2016 年,ISO/TC 105 年会在英国召开,由于 H 企业技术人员来不及参会,就委派在英国学习工作的非专业人员参加了这次国际会议。在会上,各国专家询问了很多技术问题,但因为参会人员不是专业人员,很多技术内容没有表达清楚。另外,由于事前准备不充分,此项国际标准提案尚未得到国内技术对口单位和国家标准委的认可,因此,在这次会议上没有直接做出是否立项的决定。但此次会议的项目汇报,使得各国专家对该项目有了初步的了解。随后,H 企业进行了充分准备,其提案获得了国内技术对口单位和国家标准委的支持。次年,H 企业的技术团队到芝加哥参加了 ISO/TC 105 的年会。在这次年会上,这项国际标准提案成功立项。

一开始,H 企业生产钢丝绳、钢丝绳索产品的主要目的是代替进口产品。在主导制定这项国际标准之前,H 企业主导制定了一项钢丝绳铝合金压制方面的国家标准。由于这项标准就是在原国际标准基础上制定的,所以为其主导制定其他国际标准奠定了良好的基础。通过主导制定这项国际标准,H 企业认识了该行业众多国际知名专家并获得很多有益的建议。通过与行业专家的交流,H 企业对国外的产品和技术有了更深入的认识。

H 企业利用 ISO/TC 105 在中国举办年会的契机,主动邀请钢丝绳原国际标准制定者、全球钢丝绳领域的知名专家参观企业并进行技术交流。通过参观,各国专家对企业有了更多的了解,也对 H 企业制定国际标准提出很多有益建议,并给予了支持。

国际标准不仅要有热情,还要有需求。我国提出这项国际标准提案得到了其他国家的支持,因为这项国际标准确实需要更新了。很多国家参与了这项国际标准的制定,虽然在制定过程中,国外专家提出了很多反对意见,我国专家针对他们的意见,不断地通过邮件与他们进行沟通。由于原有的国际标准是由英国主导制定的,因此英国的意见对我国非常重要,与英国专家的沟通花费了很多精力。对于其他国家专家的反对意见,我国也进行了充分的解释和沟通。参与国际标准化活动的专家代表的专业技术水平和英语水平对于提高沟通效率和工作效率有非常大的帮助。此外,因为 ISO/TC 105 的秘书处设在我国,所以由我国主导重新制定这项国际标准也就具有了比较优势。

国际标准中的数据可以参考以前同类型的国际标准中的数据进行确定,但任何一个数据都必须进行试验验证。在制定这项国际标准的过程中,我国对所有数据都进行了破断性试验和疲劳试验,试验数据只有得到现场专家的确认后才能最终被认可。

重新制定这项国际标准具有一定的难度,前后花了 5 年时间。其中最难的地方就是对国际标准中数据的认可。国外专家经常提出异议,这就需要反复沟通,而且要拿出让他们认可的数据,走的每一步流程、每一个文件、每个条款都要经过专家的审查。例如插接方式,钢丝绳用作吊索时,需要人工插接后才能成为吊索。钢丝绳的插接方式有很多种,我国专家先了解每一种插接方式,然后对每一种插接方式的有关欧盟标准、美国标准等进行研究,并与我国的标准进行比较。同时,对国际标准中涉及的技术内容进行了大量的试验,获取了大量试验数据并对其进行了验证。试验装备是 H 企业的核心竞争力。H 企业的员工多为有 20 年以上工作经验的员工,在工厂现场就可以在破坏性试验机上对锁具产品直接进行试验,并可以在现场调出全部试验数据与各国专家分享。

H 企业有一个 5000 平方米的专门试验车间和力学实验室,仅试验装备就有多台。很多国内其他企业生产的相关产品在出厂前都会来这里进行试验验证。

主导制定国际标准,不光对产品有好处,对市场也有好处。主导制定国家标准和国际标准后,H 企业及其产品在国际上的声誉得到提高,其技术和产品质量都得到国际认可。

【关键节点】

钢丝绳国际标准化案例关键节点包括海洋工程钢丝绳和钢丝绳索自主研发,成立全国钢标准化技术委员会钢丝绳分技术委员会,国际标准新项目提案的提出、否决与立项,与国际行业专家沟通交流,试验数据验证,国际标准发布等(见图 13-1)。

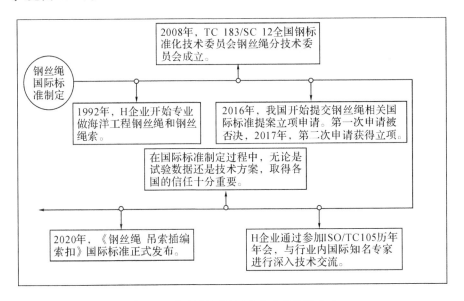

钢丝绳国际标准制定

2008年,TC 183/SC 12全国钢标准化技术委员会钢丝绳分技术委员会成立。

1992年,H企业开始专业做海洋工程钢丝绳和钢丝绳索。

2016年,我国开始提交钢丝绳相关国际标准提案立项申请。第一次申请被否决,2017年,第二次申请获得立项。

在国际标准制定过程中,无论是试验数据还是技术方案,取得各国的信任十分重要。

2020年,《钢丝绳 吊索插编索扣》国际标准正式发布。

H企业通过参加ISO/TC105历年年会,与行业内国际知名专家进行深入技术交流。

图 13-1　钢丝绳国际标准化案例关键节点

【启示与解析】

钢丝绳国际标准受到其生产商、用户和检测机构等相关方的高度关注。随着钢丝绳生产和工艺技术的发展,钢丝绳用户对其质量和安全性能有了更高的要求。为保持与钢丝绳最先进技术同步,需要对原有钢丝绳国际标准进行重新制定。

高标准才有高质量。作为大型吊装产业主要市场的中国,在不断满足钢丝绳产品市场需求的同时,建立了较为完善的行业标准体系,推动了行业的高质量发展。企业产品要想进入国际市场和在国际贸易中占有一席之地,一是要加强技术研发,获得技术上的相对优势。二是要建立产品品牌战略。产品品牌对市场特别是国际市场消费者的产品选择决策有重大影响。本案例采用迂回战略,借助国外品牌企业让国外消费者更大范围地使用产品,与客户建立联系,进而建立产品质量信任关系,逐渐形成产品品牌。三是通过主导重新制定国际标准,促进企业产品"走出去"。出口是企业"走出去"的重要方式,通过与国际标准的对接,产品出口将更加顺畅,企业的影响力也将得到显著提升,最终助力产品和服务"走出去"。H 企业通过国际标准打造国际知名品牌、塑造产业国际竞争力、争夺国际话语权。

H 企业起初委派语言沟通能力较强但非技术专家作为代表对国际标准提案进行介绍,但因无法回答与会各国专家提出的技术问题,且未得到国内技术对口单位和国家的同意,所以虽然提案受到与会各国的关注,但未能成功立项。因此,国际标准提案在提交国际标准化技术机构前,要充分做好技术准备和组织准备。另外,与国际行业专家的沟通对于制定国际标准是非常关键的。通过沟通可以了解对方的想法和弥合双方在技术理解上的偏差。

国际标准制定中最重要且最有难度之一的是国际标准中的数据认可。国际标准制定中的每一个数据都必须进行试验验证。因此,本案例的成功之处之一就是 H 企业自主研发了试验装备,获取了大量的试验数据并进行了验证。

通过主导制定国际标准,我国的钢丝绳产品和技术得到了国际认可,生产企业和产品在国际上具有了良好的声誉,进而树立了品牌形象,提高了其国际市场地位,带动产品"走出去",促进了国际贸易的发展。

参考文献

陈良辅,李宁.新形势下数字贸易标准化工作浅议[J].标准科学,2021(S1):260-263.

陈尚.标准引领产业发展的实践与认识[J].玻璃纤维,2020(3):29-33.

陈淑梅.标准化与我国经济发展:中国特色的标准经济学学科从"潜"至"显"[J].中国标准化,2021(2):6-10.

陈淑梅,陈晖,徐勤珍.认证制度、贸易壁垒与我国机电产品的出口——以欧盟 CE 标志规则修订为例[J].世界经济与政治论坛,2012(6):59-74.

陈也.技术创新和国际标准化活动水平对通信企业经济效益的影响[D].长春:吉林大学,2019.

陈源.标准国际化与国际标准化关系研究[J].铁道技术监督,2016,44(12):1-3.

陈正良.软实力发展战略视阈下的中国国际话语权研究[M].北京:人民出版社,2016.

程鉴冰.最低质量标准政府规制研究[J].中国工业经济,2008(2):40-47.

崔璨,蒙永业,王立非,等.中外标准英文版可读性测量与对比分析[J].中国标准化,2019(17):68-73.

邓兴华,林洲钰.专利国际化推动了贸易增长吗——基于贸易二元边际的实证研究[J].国际经贸探索,2016,32(12):4-20.

董琴.技术标准与中国制造业出口升级[D].沈阳:辽宁大学,2021.

赓金洲,赵树宽,鞠国华.技术标准化与技术创新过程中的网络外部性研究综述[J].经济学动态,2012(5):91-94.

龚艳萍,周亚杰.基于钻石模型的技术标准对产业竞争力的影响研究[J].大众科技,2007(6):187-188.

顾兴全.标准国际话语权提升的影响因素——基于扎根理论的多案例探索[J].社会科学家,2022(5):80-87.

郭晨光.加强国际标准化工作 培育和发展国际竞争新优势[J].质量与标准化,2011(10):5-8.

侯俊军.让中国标准"走出去"[N].经济日报,2014-12-04(14).

侯俊军,邵雅仪.采用国际标准对出口技术复杂度的影响研究[J].标准科学,2021(10):6-15.

侯俊军,万欣.标准化与产业内贸易——基于中国机械行业的面板协整分析[J].标准科学,2009(9):19-24.

侯俊军,张冬梅.我国标准化与价格贸易条件的实证研究[J].国际贸易问题,2009(7):21-25,34.

胡国松,温馨.欧盟"绿色"指令对我国与欧盟机电产品贸易的影响[J].经济纵横,2007(23):70-72.

胡娜.标准化对山东省机电产品出口贸易的影响研究[D].济南:山东财经大学,2016.

黄洁,尹雄艳,金丽.中国机电产品出口德国市场的影响因素分析——基于引力模型的实证分析[J].经济问题探索,2015(4):152-159.

江涛,韩雯.技术标准限制中国出口贸易了吗?——来自机电行业的证据[J].标准科学,2017(11):129-136.

江振林.需求方导向的中国标准战略[D].杭州:浙江大学,2010.

李上,鲁鹏,周歆华,等.标准品牌经济研究——以区域(产业)标准品牌经济为例[J].中国标准化,2021(1):79-83.

林洲钰,林汉川,邓兴华.什么决定国家标准制定的话语权:技术创新还是政治关系[J].世界经济,2014,37(12):140-161.

刘冰,陈淑梅.RCEP框架下降低技术性贸易壁垒的经济效应研究——基于GTAP模型的实证分析[J].国际贸易问题,2014(6):91-98.

刘淑春.技术标准化、标准国际化与中国装备制造走出去[J].浙江社会科学,2018(8):16-26.

刘淑春,林汉川.标准化对中国装备制造"走出去"的影响:基于中国与"一带一路"沿线国家的双边贸易实证[J].国际贸易问题,2017(11):60-69.

罗慧芳.我国语言服务产业发展与对外贸易相互关系的实证研究[D].北京:中国地质大学,2018.

蒙永业.中国标准国际化评价及其对外贸的影响[D].北京:对外经济贸易大学,2019.

倪光斌,周诗广,朱飞雄.铁路行业工程建设标准先进性与国际化探讨[J].铁道经济研究,2016(1):1-5,11.

彭支伟,张伯伟.中日韩自由贸易区的经济效应及推进路径——基于SMART的模拟分析[J].世界经济研究,2012(12):65-71,86.

宋明顺.标准引领"一带一路"互联互通[J].浙江经济,2019(11):26-28.

宋明顺,许书琴,郑素丽,等.标准化对企业出口"一带一路"国家的影响——基于京津冀企业的分析[J].科技管理研究,2020,40(6):216-222.

孙吉胜.中国国际话语权的塑造与提升路径——以党的十八大以来的中国外交实践为例[J].世界经济与政治,2019(3):19-43.

孙吉胜.中国外交与国际话语权提升的再思考[J].中国社会主义学院学报,2020(2):43-52.

陶爱萍,沙文兵,李丽霞.国家规模对国际标准竞争的影响研究——基于跨国面板数据的实证检验[J].世界经济研究,2014(7):10-15,87.

陶忠元,马烈林.标准化对我国出口贸易的影响[J].财经科学,2012(8):118-124.

陶忠元,孙会娟.标准化水平对中国高技术产业国际竞争优势变动的影响研究[J].当代经济管理,2017,39(8):41-45.

陶忠元,薛晨.技术创新与标准化协同耦合对我国家电业国际竞争力的影响——基于BP神经网络的实证研究[J].工业技术经济,2016,35(9):146-154.

王丽萍,陈淑梅.欧盟标准化外部性条件下的企业应对模式研究——以中欧打火机贸易摩擦为例[J].标准科学,2009(10):72-78.

王楠楠.标准走出去,话语权提上来[J].交通建设与管理,2011(11):48-51.

王平,侯俊军.我国改革开放过程中的标准化体制转型研究——从政府治理到民间治理[J].标准科学,2017(5):6-16,27.

王亚军."一带一路"倡议的理论创新与典范价值[J].世界经济与政治,2017(3):4-14,156.

王彦芳,陈淑梅.国际标准对于中间品贸易的影响研究——来自ISO90 01的经验证据[J].国际经贸探索,2017,33(7):45-59.

王瑛,许可.食品安全标准对我国农产品出口的影响——基于引力模型的实证分析[J].国际贸易问题,2014(10):45-55.

肖洋.西方科技霸权与中国标准国际化——工业革命4.0的视角[J].社会科学,2017(7):57-65.

徐林清,蒋邵梅.贸易协定的对冲效应——基于GTAP模型的RCEP和CPTPP对比研究[J].亚太经济,2021(6):52-59.

许培源,朱金芸.TPP对中国机电产品出口的潜在影响——基于GTAP-CGE模型的评估[J].国际贸易问题,2016(9):71-83.

杨丽娟.标准与国际贸易:理论与中国的经验证据[D].上海:复旦大学,2013.

叶萌,祝合良.标准化对我国物流业经济增长的影响——基于C-D生产函数及主成分分析法的实证研究[J].中国流通经济,2018,32(6):25-36.

曾勇,张静中.中国对波兰出口贸易绩效及其影响因素分析——基于累积Logit模型的实证研究[J].河北工业科技,2017,34(4):239-246.

张宝友,朱卫平.标准化对我国物流产业国际竞争力影响的实证研究[J].上海经济研究,2013,25(6):50-59.

张华,宋明顺.标准助推"一带一路"资金融通[J].中国金融,2021(4):88-89.

张米尔,游洋.标准创立中的大国效应及其作用机制研究[J].中国软科学,2009(4):16-23.

张书卿.我国新闻出版业国际标准化工作的现状、趋势和热点分析[J].出版发行研究,2016(9):24-28.

张虓邦."一带一路"新形势下有关绿色贸易壁垒的应对——基于农产品出口视域[J].当代经济,2020(3):32-34.

张志洲.增强中国在国际规则制定中的话语权(人民要论)[N].人民日报,2017-02-17(7).

赵驰,戴阳晨.绿色贸易壁垒抑制了发展中国家的产业安全吗?——中国制造业产业的视角[J].经济问题探索,2021(12):83-103.

郑妍妍,李磊,庄媛媛.国际质量标准认证与企业出口行为——来自中国企业层面的经验分析[J].世界经济研究,2015(7):74-80,115,128-129.

支树平.提升中国标准 促进世界联通[N].人民日报,2015-10-14(13).

周华,严科杰,王卉."标准"对贸易及福利影响研究方法述评[J].世界经济研究,2007(4):10-15,87.

周益海,胡强,徐文海,等.FTAs 对成员国贸易流量和贸易模式的影响——基于机电产品行业的实证研究[J].宏观经济研究,2014(9):134-143.

Blind K, Mangelsdorf A. Motives to standardize: Empirical evidence from Germany[J]. Technovation, 2016(48-49): 13-24.

Blind K, Mangelsdorf A, Niebel C, et al. Standards in the global value chains of the European single market[J]. Review of International Political Economy, 2018, 25(1): 28-48.

Blind K, Petersen S S, Riillo C A F. The impact of standards and regulation on innovation in uncertain markets[J]. Research Policy, 2017, 46(1): 249-264.

Blind K, Pohlisch J, Zi A. Publishing, patenting, and standardization: Motives and barriers of scientists[J]. Research Policy, 2018, 47(7): 1185-1197.

Brem A, Nylund P A, Schuster G. Innovation and de facto standardization: The influence of dominant design on innovative performance, radical innovation, and process innovation[J]. Technovation, 2016(50-51): 79-88.

Clougherty J A, Grajek M. The impact of ISO 9000 diffusion on trade and FDI: A new institutional analysis[J]. Journal of International Business Studies, 2008, 39(4): 613-633.

CEBR, The economic contribution of standards to the UK economy [R]. London: British Standards Institution, 2015.

Das S, Donnenfeld S. Oligopolistic competition and international trade: Quantity and quality restrictions[J]. Journal of International Economics, 1989(27): 299-318.

David P A. Some New Standards for the Economics of Standardization in the Information Age[M]// Dasgupta P, Stoneman P. Economic Policy and Technological Performance. Cambridge: Cambridge University Press, 1987.

David P A, Greenstein S. The economics of compatibility standards: An introduction to recent research[J]. Economics of Innovation and New Technology, 1990, 1(1-2): 3-41.

Disdier A, Fontagné L, Mimouni M. The impact of regulations on agricultural trade: Evidence from the SPS and TBT agreements[J]. American Journal of Agricultural Economics, 2008, 90(2): 336-350.

Ehrich M, Mangelsdorf A. The role of private standards for manufactured food exports from developing countries[J]. World Development, 2018 (101): 16-27.

Fischer R, Serra P. Standards and protection[J]. Journal of International Economics, 2000, 52(2): 377-400.

Farrell J, Simcoe T. Choosing the rules for consensus standardization [J]. The RAND Journal of Economics, 2012, 43(2): 235-252.

Hill C. Establishing a standard: Competitive strategy and technological standards in winner-take-all industries[J]. Academy of Management Executive，1997，11(2)：7-25.

Huang Y，Salike N，Zhong F. Policy effect on structural change：A case of Chinese intermediate goods trade[J]. China Economic Review，2017 (44)：30-47.

Hudson J，Jones P. International trade in "quality goods"：Signalling problems for developing countries[J]. Journal of International Development，2003，15 (8)：999-1013.

Kang B，Bekkers R. Just-in-time patents and the development of standards[J]. Research Policy，2015，44(10)：1948-1961.

Kikuchi T，Yanagida K，Vo H. The effects of mega-regional trade agreements on Vietnam[J]. Journal of Asian Economics，2018(55)：4-19.

Mangelsdorf A. The role of technical standards for trade between China and the European Union[J]. Technology Analysis & Strategic Management，2011，23 (7)：725-743.

Nagano J，Fukuda Y. The Japanese standardization systems：History and current status[J]. IEEE Communications Standards Magazine，2018，2 (3)：76-79.

Portugal-Perez A，Reyes J D，Wilson J S. Beyond the information technology agreement：Harmonization of standards and trade in electronics[J]. Policy Research Working Paper Series，2011，33(12)：1870-1897.

Swann P. The Economics of Standardization：Final Report for Standards and Technical Regulations，Directorate Department of Trade and Industry[M]. Manchester：Manchester University，2000.

Shapiro C，Varian H R. Information Rules：A Strategic Guide to the Network Economy [M]. Massachusetts：Harvard Business School Press，1999.

Stango V. The economics of standards wars[J]. Review of Network Economics，2004，3(1)，25-37.

Swann G. The economics of standardization: An update—Report for the UK Department of Business, Innovation and Skills (BIS)[R]. Nottingham: Innovative Economics, 2010.

Stoneman P, Diederen P. Technology diffusion and public policy[J]. Economic Journal, 1994, 104 (425): 918-930.

附录1　石油领域国际标准化案例

一、国际标准化概况及竞争态势

（一）概况

1. ISO/TC 28

ISO/TC 28 Petroleum and related products，fuels and lubricants from natural or synthetic sources（天然或合成来源的石油及相关产品、燃料和润滑剂标准化技术委员会）于1947年成立，秘书处所在国是荷兰。ISO/TC 28的工作范围主要包括术语、分类、规范、取样、测量、分析和测试方法的标准化技术工作，用于原油、石油基液体和液化燃料、天然或合成来源的非石油基液体和液化燃料、运输用气体燃料、通过制冷或压缩液化的气体燃料、石油基润滑剂和流体（包括液压油和润滑脂）、天然或合成来源的非石油基润滑剂和流体（包括液压油和润滑脂），但不包括飞机和航天器运行中使用的燃料和润滑剂的规格和分类（ISO/TC 20的负责范围）。ISO/TC 28技术委员会基本情况如表1所示。

表 1　ISO/TC 28 技术委员会

技术委员会	名称	秘书处承担国（组织）
ISO/TC 28/AG	Advisory group 咨询小组	巴西 （ABNT）
ISO/TC 28/WG 2	Determination and application of precision data in relation to methods of test 与试验方法相关的精度数据的测定和应用	荷兰 （NEN）
ISO/TC 28/WG 9	Flash point methods 闪点方法	英国 （BSI）
ISO/TC 28/WG 12	Test methods for hydraulic fluids and oils 液压油和油的试验方法	德国 （DIN）
ISO/TC 28/WG 14	Test method equivalency tables 测试方法等效表	—
ISO/TC 28/WG 15	Anti-knock and ignition testing for high octane fuels 高辛烷值燃料的抗爆和点火试验	德国 （DIN）
ISO/TC 28/WG 17	Viscosity 黏性	英国 （BSI）
ISO/TC 28/WG 19	Development of test methods for greases 润滑脂试验方法的发展	德国 （DIN）
ISO/TC 28/WG 20	Dynamic measurement of liquefied natural gas 液化天然气的动态测量	荷兰 （NEN）
ISO/TC 28/WG 21	Aniline point 苯胺点	瑞典 （SIS）

续表

技术委员会	名称	秘书处承担国（组织）
ISO/TC 28/WG 22	Stabinger principle tests 稳定原则测试	德国 （DIN）
ISO/TC 28/WG 23	Performance equipment for rolling bearing grease life 滚动轴承润滑脂寿命现场性能设备	德国 （DIN）
ISO/TC 28/SC 2	Measurement of petroleum and related products 石油及相关产品的测量	英国 （BSI）
ISO/TC 28/SC 2/WG 4	Calibration and metering 校准和计量	英国 （BSI）
ISO/TC 28/SC 2/ WG 5	Calculation of petroleum quantities 石油数量的计算	美国 （ANSI）
ISO/TC 28/SC 2/ WG 9	Tank calibration 储罐校准	英国 （BSI）
ISO/TC 28/SC 2/ WG 10	Tank measurements 储罐测量	英国 （BSI）
ISO/TC 28/SC 2/ WG 11	Sampling 抽样	英国 （BSI）
ISO/TC 28/SC 2/ WG 12	Density determination 密度测定	英国 （BSI）
ISO/TC 28/SC 2/ WG 13	Bulk transfer accountability 批量转移责任	英国 （BSI）
ISO/TC 28/SC 2/ WG 14	Cargo quality assessment 货物质量评估	英国 （BSI）
ISO/TC 28/SC 4	Classifications and specifications 分类和规格	法国 （AFNOR）

续表

技术委员会	名称	秘书处承担国（组织）
ISO/TC 28/SC 4/WG 3	Classification and specifications of hydraulic fluids 液压油的分类和规格	英国 （BSI）
ISO/TC 28/SC 4/WG 6	Classification and specification of marine fuels 船用燃料的分类和规范	英国 （BSI）
ISO/TC 28/SC 4/WG 13	Classification and specifications of commercial di-methyl ether (DME) 商品二甲醚的分类和规格	日本 （JISC）
ISO/TC 28/SC 4/WG 14	Test methods for dimethylether 二甲醚的试验方法	日本 （JISC）
ISO/TC 28/SC 4/WG 16	Classifications and specifications of industrial gear oils, turbine oils and compressor oils 工业齿轮油、涡轮机油和压缩机油的分类和规范	法国 （AFNOR）
ISO/TC 28/SC 4/ WG 17	Specifications of liquefied natural gas for marine applications 船用液化天然气规范	法国 （AFNOR）
ISO/TC 28/SC 5	Measurement of refrigerated hydrocarbon and non-petroleum based liquefied gaseous fuels 冷冻碳氢化合物和非石油基液化气体燃料的测量	日本 （JISC）
ISO/TC 28/SC 7	Liquid biofuels 液体生物燃料	巴西 （ABNT）
ISO/TC 28/SC 7/WG 4	Bio-ethanol test methods 生物乙醇测试方法	巴西 （ABNT）
ISO/TC 28/SC 7/WG 5	Biodiesel test methods 生物柴油测试方法	德国 （DIN）

2. ISO/TC 30

ISO/TC 30 Measurement of fluid flow in closed conduits(封闭管道中流体流量的测量标准化技术委员会)于 1947 年成立,秘书处所在国是英国。ISO/TC 30 主要负责封闭管道中流体流量测量规则和方法的标准化技术工作,包括术语和定义;检验、安装、操作规则;所需仪器和设备的建造;进行测量的条件;测量数据的收集、评估和解释规则,包括误差。ISO/TC 30 技术委员会基本情况如表 2 所示。

表 2　ISO/TC 30 技术委员会

技术委员会	名称	秘书处承担国(组织)
ISO/TC 30/SC 2	Pressure differential devices 压差装置	英国 (BSI)
ISO/TC 30/SC 2/WG 11	Revision of ISO 5167 国际标准化组织 5167 的修订	
ISO/TC 30/SC 2/WG 18	Measurement of fluid flow using nozzles, including Venturi nozzles 使用喷嘴测量流体流量,包括文丘里喷嘴	
ISO/TC 30/SC 2/WG 19	Critical flow Venturi nozzles 临界流量文丘里喷嘴	
ISO/TC 30/SC 5	Velocity and mass methods 速度和质量方法	瑞士 (SNV)
ISO/TC 30/SC 5/WG 1	Ultrasonic flow measurement for gas 气体超声波流量测量	
ISO/TC 30/SC 5/WG 7	Tracer methods 示踪方法	
ISO/TC 30/SC 7	Volume methods including water meters 容积法,包括水表	英国 (BSI)
ISO/TC 30/SC 7/TG1	Non-exploitation of maximum permissible errors 不利用最大允许误差	

115

3. ISO/TC 67

ISO/TC 67 Materials, equipment and offshore structures for petroleum, petrochemical and natural gas industries(石油石化设备材料与海上结构标准化技术委员会)于 1947 年成立,秘书处所在国是荷兰。ISO/TC 67 负责协调和管理有关石油和天然气工业的标准化技术工作,其目的是实现石油和天然气产品的(国际)整合。该委员会的成员是来自许多不同国家、具有不同专业背景的行业专业人士。他们对行业内产品安全、一致性和产品的国际应用有着共同的兴趣。他们一起努力,尽可能达成共识。更具体地说,ISO/TC 67 制定了石油和天然气行业中关于钻井、生产、管道运输,以及液态和气态碳氢化合物加工的材料、设备和海上结构的标准,不包括受国际海事组织要求制约的近海结构方面。制定标准的默认方法是遵循国际标准化组织程序,如国际标准化组织导则第 1 部分和第 2 部分所述。此外,ISO/TC 67 国际石油与天然气生产者协会(IOGP)合作的补充程序更有利于制定国际标准,以及保证其开展技术工作。国际石油与天然气生产者协会和国际标准化组织于 2012 年 6 月达成一项临时解决方案。临时解决方案允许继续开发优先的 ISO/TC 67 工作项目,包括国际石油与天然气生产者协会制定和公布的标准草案。ISO/TC 67 技术委员会基本情况如表 3 所示。

表 3　ISO/TC 67 技术委员会

技术委员会	名称	秘书处承担国(组织)
ISO/TC 67/SC 2	Pipeline transportation systems 管道运输系统	意大利(UNI) 中国(SAC) 俄罗斯(GOST R)
ISO/TC 67/SC 3	Drilling and completion fluids, well cements and treatment fluids 钻井和完井液、油井水泥和处理液	意大利(UNI)
ISO/TC 67/SC 4	Drilling and production equipment 钻井和生产设备	美国(ANSI)

续表

技术委员会	名称	秘书处承担国(组织)
ISO/TC 67/SC 5	Casing, tubing and drill pipe 套管、油管和钻杆	日本(JISC)
ISO/TC 67/SC 6	Processing equipment and systems 加工设备和系统	法国(AFNOR)
ISO/TC 67/SC 7	Offshore structures 离岸结构	英国(BSI)
ISO/TC 67/SC 8	Arctic operations 北极行动	俄罗斯(GOST R)
ISO/TC 67/SC 9	Liquefied natural gas installations and equipment 液化天然气装置和设备	法国(AFNOR)

4. ISO/TC 193

ISO/TC 193 Natural gas(天然气标准化技术委员会)于 1988 年成立,秘书处所在国是荷兰。ISO/TC 193 负责术语、质量规范、测量方法、取样、分析和测试的标准化技术工作,包括热物理性质计算和测量,用于天然气、天然气替代品、天然气与气体燃料(如非常规气体和可再生气体)的混合物,以及天然气从生产到交付的各个方面,液化天然气分析方法的标准化。ISO/TC 193技术委员会基本情况如表 4 所示。

表 4 ISO/TC 193 技术委员会

技术委员会	名称	秘书处承担国(组织)
ISO/TC 193/SC 1	Analysis of natural gas 天然气分析	荷兰(NEN)
ISO/TC 193/SC 2	Quality designation 质量设计	德国(DIN)
ISO/TC 193/SC 3	Upstream area 上游地区	美国(API) 中国(SAC)

5. ISO/TC 255

ISO/TC 255 Biogas(沼气标准化技术委员会)于 2010 年成立,秘书处所在国是中国。ISO/TC 255 负责厌氧消化、生物质气化和生物质发电制气领域的标准化技术工作。ISO/TC 255 技术委员会基本情况如表 5 所示。

表 5 ISO/TC 255 技术委员会

技术委员会	名称	秘书处承担国(组织)
ISO/TC 255/WG 1	Terms, definitions and classification scheme for the production, conditioning and utilization of biogas 沼气生产、调节和利用的术语、定义和分类方案	—
ISO/TC 255/WG 2	Flares for biogas plants 沼气厂火炬	中国(SAC)
ISO/TC 255/WG 3	Domestic biogas installations (household and small farm scale) 家用沼气装置(家庭和小农场规模)	中国(SAC)
ISO/TC 255/WG 4	Safety and environmental aspects 安全和环境方面	—

技术委员会	名称	秘书处承担国(组织)
ISO/TC 255/WG 5	Biogas systems—non-household 沼气系统——非家庭	中国(SAC)
ISO/TC 255/WG 6	Biomass gasification 生物质气化	中国(SAC)

6. ISO/TC 263

ISO/TC 263 Coalbed methane（CBM）（煤层气标准化技术委员会）于2011年成立,秘书处所在国是中国。ISO/TC 263 负责煤层气产业领域的标准化技术工作,包括煤层气勘探、开发、生产和利用。ISO/TC 263 技术委员会基本情况如表 6 所示。

表 6　ISO/TC 263 技术委员会

技术委员会	名称	秘书处承担国(组织)
ISO/TC 263/WG 1	Fundamentals of CBM exploration 煤层气勘探基础	中国(SAC)
ISO/TC 263/WG 2	Underground CBM 地下煤层气	中国(SAC)

7. ISO/TC 265

ISO/TC 265 Carbon dioxide capture, transportation, and geological storage(二氧化碳捕获、运输和地质封存标准化技术委员会)于2011年成立,秘书处所在国是加拿大,结队秘书处为中国。ISO/TC 265 负责二氧化碳捕获、运输和地质封存(CCS)领域的设计、施工、运行、环境规划和管理、风险管理、量化、监测和验证以及相关活动的标准化技术工作。ISO/TC 265 技术委员会基本情况如表 7所示。

表7　ISO/TC 265 技术委员会

技术委员会	名称	秘书处承担国(组织)
ISO/TC 265/WG 1	Capture 捕获	加拿大(SCC) 中国(SAC)
ISO/TC 265/WG 2	Transportation 运输	—
ISO/TC 265/WG 3	Storage 仓库	—
ISO/TC 265/WG 4	Quantification and verification 量化和验证	—
ISO/TC 265/WG 5	Cross cutting issues 交叉问题	—
ISO/TC 265/WG 6	EOR Issues EOR 问题	—

（二）竞争态势

参与全球标准竞争是国际石油和天然气市场竞争的重要组成部分。标准背后是一个国家的综合实力,竞争的最终结果表现为国际标准话语权的大小,体现为一个国家的软实力。一个国家在国际石油和天然气标准化领域所占份额越大,在国际石油和天然气领域的实力就越强。从这个角度来说,在石油和天然气领域国际标准话语平台的数量决定一个国家能否成为石油强国。

目前,承担国际标准化组织与石油和天然气有关技术委员会、分技术委员会或工作组秘书处的国家有中国、英国、德国、荷兰、法国、加拿大、美国、巴西、日本、意大利、俄罗斯、瑞士、哈萨克斯坦、巴林、泰国等。国际标准化组织石油和天然气领域的技术委员会、分技术委员会、工作组秘书处分别有 10 个、18个、78 个。承担技术委员会秘书处工作的国家有中国、英国、荷兰、德国、法国、意大利和加拿大。承担分技术委员会秘书处工作的国家有中国、英国、荷兰、法国、美国、巴西、日本、意大利、俄罗斯、瑞士。承担工作组秘书处工作的国家有中国、英国、荷兰、德国、法国、美国、巴西、日本、意大利、加拿大、哈萨克斯坦、巴林和泰国。荷兰承担的技术委员会秘书处有 3 个,中国承担的技术委员会秘书处有 2 个,英国、德国、法国、意大利和加拿大各 1 个。英国承担的分技术委员会和工作组秘书处分别为 4 个和 18 个。德国承担的工作组秘书处为 16 个。可以看出英国、德国、荷兰、法国、美国、中国等石油强国都积极承担国际石油标准化技术组织秘书处工作。石油和天然气领域国际标准话语平台竞争态势如图 1 所示。

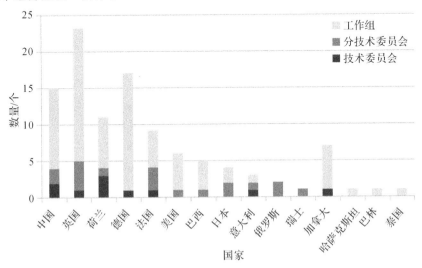

图 1　石油和天然气领域国际标准话语平台竞争态势

二、国际标准化领域及竞争态势

（一）领域

截至 2020 年 5 月,国际标准化组织中石油和天然气领域各标准化技术组织相关标准数量如表 8 所示。其中,ISO/TC 28 发布标准最多,该技术委员会成立于 1947 年,发展历史悠久、经验丰富,与之形成鲜明对比的是 ISO/TC 255 以及 ISO/TC 263,它们成立时间较短,负责领域为煤层气、沼气等新兴能源,其标准积累量较少。但是由传统能源向新兴能源转变是今后能源发展的必然趋势,作为 ISO/TC 255、ISO/TC 263 秘书处所在国,我国应抓住机遇,探索一条更为高效的新能源标准化技术组织发展道路。

<h2 style="text-align:center">表8 相关项目委员会标准化领域及标准数量情况一览</h2>

委员会	标准数量	标准化领域（话语议题）	秘书处承担国（组织）
ISO/TC 28 天然或合成来源的石油及相关产品、燃料和润滑剂标准化技术委员会	175	原油、石油基液体和液化燃料、天然或合成来源的非石油基液体和液化燃料、运输用气体燃料、通过制冷或压缩液化的气体燃料、石油基润滑剂和流体（包括液压油和润滑脂）、天然或合成来源的非石油基润滑剂和流体	荷兰（NEN）法国（AFNOR）巴西（ABNT）日本（JISC）英国（BSI）德国（DIN）
ISO/TC 30 封闭管道中流体流量的测量标准化技术委员会	10	封闭管道中流体流量测量规则和方法的标准化	英国（BSI）瑞士（SNV）
ISO/TC 67 石油石化设备材料与海上结构标准化技术委员会	38	石油、石化和天然气行业中用于钻井、生产、管道运输，以及液态和气态碳氢化合物加工的材料、设备和海上结构的标准	荷兰（NEN）法国（AFNOR）美国（API）日本（JISC）俄罗斯（GOST）意大利（UNI）英国（BSI）中国（SAC）巴西（ABNT）巴林（BSMD）哈萨克斯坦（KAZMEMST）德国（DIN）
ISO/TC 193 天然气标准化技术委员会	17	包括热物理性质计算和测量，用于天然气、天然气替代品、天然气与气体燃料（如非常规气体和可再生气体）的混合物，以及天然气从生产到交付的各个方面，液化天然气分析方法的标准化	荷兰（NEN）美国（API）中国（SAC）荷兰（NEN）英国（BSI）德国（DIN）法国（AFNOR）泰国（TISI）

委员会	标准数量	标准化领域 （话语议题）	秘书处承担国（组织）
ISO/TC 255 沼气标准化 技术委员会	5	厌氧消化、生物质气化和生物质发 电制气领域的标准化	中国（SAC）
ISO/TC 263 煤层气标准 化技术委员 会	3	煤层气产业领域的标准化，包括煤 层气勘探、开发、生产和利用	中国（SAC）
ISO/TC 265 二氧化碳捕 集、运输和 地质封存标 准化技术委 员会	16	二氧化碳捕获、运输和地质封存领 域的设计、施工、运行、环境规划和 管理、风险管理、量化、监测和验证 以及相关活动的标准化	加拿大（SCC） 中国（SAC）

　　标准化技术组织的工作领域可反映世界经济和社会发展重点关注的领域和各个国家的话语议题设置能力。从表 8 和图 1 可以看出，石油和天然气领域话语议题主要涉及石油产品及润滑剂，封闭管道中流体流量的测量，石油石化设备材料与海上结构，天然气，沼气，煤层气，二氧化碳捕获、运输和地质封存等。在石油产品及润滑剂领域，荷兰、法国、巴西、日本、英国、德国具有较强的话语议题设置能力。在封闭管道中流体流量的测量领域，英国、瑞士具有较强的话语议题设置能力。在石油石化设备材料与海上结构领域，荷兰、法国、美国、日本、俄罗斯、意大利、英国、中国、巴西、巴林、哈萨克斯坦、德国具有较强的国际话语议题设置能力。在天然气领域，荷兰、美国、中国、荷兰、英国、德国、法国、泰国具有较强的国际话语议题设置能力。在沼气和煤气层领域，中国具有较强的话语议题设置能力。在二氧化碳捕获、运输和地质封存领域，加拿大具有较强的话语议题设置能力。

　　（二）竞争态势

　　对标准议题及其数量进行分析，结果如图 2 所示。

　　从表 8 可以发现，目前，在石油和天然气领域，国际标准话语权竞争比较激烈的领域一是石油和天然气行业中用于钻井、生产、管道运输、液态和气态碳氢化合物加工的材料、设备及海上结构,在此领域具有较强国际标准制定话语权的国家有荷兰、法国、美国、日本、俄罗斯、意大利、英国、中国、巴西、巴林、哈萨克斯坦、德国。二是热物理性质计算和测量,用于天然气、天然气替代品、天然气与气体燃料(如非常规气体和可再生气体)的混合物,以及天然气从生产到交付的各个方面,在此领域具有较强国际标准制定话语权的国家有荷兰、美国、中国、荷兰、英国、德国、法国、泰国。三是原油、石油基液体和液化燃料、天然或合成来源的非石油基液体和液化燃料、运输用气体燃料、通过制冷或压缩液化的气体燃料、石油基润滑剂和流体(包括液压油和润滑脂)、天然或合成来源的非石油基润滑剂和流体,在此领域具有较强国际标准制定话语权的国家有荷兰、法国、巴西、日本、英国、德国。加拿大在二氧化碳捕获、运输和地质封存领域的设计、施工、运行、环境规划与管理、风险管理、量化、监测和验证以及相关领域具有绝对的国际标准话语权,而我国在厌氧消化、生物质气化和生物质发电制气领域,以及煤层气领域,包括煤层气勘探、开发、生产和利用领域具有较强的国际标准制定话语权,但由于制定国际标准的数量比较少,其影响力还尚弱。另外,从图2可以看出,目前国际标准的议题和类型主要是石油产品测定、储罐测量、系统设备规程规范石油与天然气工业、天然气装置、基础设施要求等。

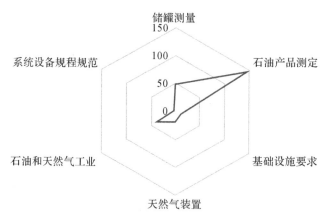

图 2 石油和天然气领域话语议题和类型

三、国内外标准化比较与标准国际化

(一)国内外概况

1. 国内概况

(1)全国石油天然气标准化技术委员会

全国石油天然气标准化技术委员会(SAC/TC 355)是经国家标准化管理委员会批准,于 2008 年 4 月 17 日成立的全国性的标准化技术组织。其主要任务是在国家标准化管理委员会的领导下,负责石油地质、石油物探、石油钻井、测井、油气田开发、采油采气、油气储运、油气计量及分析方法、石油管材、海洋石油工程、油田化学剂、液化天然气、节能节水和环境保护等专业国家标准的制修订及其相关工作。石油工业标准化技术委员会经原国家石油和化学工业局批准,于 2000 年 10 月 31 日成立,是行业性的标准化技术组织。目前在国家能源局领导下,主要负责石油工业上游领域石油天然气行业标准的制修订工作。其工作范围除上述国家标准所列的专业以外,还包括石油工程建设、安全生产、石油仪器仪表、劳动定额、信息技术和计量校准规范等。同时,在国家行业主管部门的授权下,还要负责协调全国石油钻采设备和工具标准化技术委员会、全国天然气标准化技术委员会制修订行业标准的相关工作。

为了加强石油工业标准化工作的统一协调管理,在认真履行全国石油天然气标准化技术委员会职责的同时,有效利用资源,提高工作效率。在组织机构上,全国石油天然气标准化技术委员会及其分技术委员会与石油工业标准化技术委员会及所属专业标准化技术委员会实行"一个机构,两块牌子"的工作模式。即两个标委会及相同专业委员会的委员相同,秘书处统一设置,有关标准化活动统一进行,两个标委会委员由中国石油天然气集团公司、中国石油化工集团公司、中国海洋石油总公司、中化集团公司等石油企事业单位的 61 名委员组成。

目前,经国家标准化管理委员会批准,全国石油天然气标准化技术委员会已成立了 11 个分委会,如表 9 所示。

表9　全国石油天然气标准化技术委员会

委员会	名称	负责专业范围	秘书处所在单位
TC 355/SC 1	石油天然气/ 液化天然气领域	液化天然气领域	中海石油天然气及 发电有限责任公司
TC 355/SC 2	石油天然气/ 地球物理勘探	石油和天然气地球物理勘探地震 及非地震技术的资料采集、数据 处理、资料解释及主要物探设备 的操作、维护领域	中国石油集团东方 地球物理勘探有限 责任公司
TC 355/SC 3	石油天然气/ 石油地质勘探	石油和天然气地质勘探技术规 范、评价方法及油气储量评价与 计算,探井试油测试、地质录井、 地质试验方法领域	中国石油勘探开发 研究院科技文献 中心
TC 355/SC 4	石油天然气/ 钻井工程	石油和天然气钻井工程的钻井设 计、钻前工程、钻井工艺、钻井设 备配套技术、钻井工程技术管理、 钻井井下故障处理、特殊工艺井 工艺、固井工程与工艺的技术 领域	中国石油集团钻井 工程技术研究院
TC 355/SC 5	石油天然气/ 测井	石油和天然气测井中的仪器刻 度、施工作业规程、原始资料质量 要求、资料处理解释和综合评价 技术、射孔器材检测评价领域	中国石油集团测井 有限公司
TC 355/SC 6	石油天然气/ 油气田开发	石油和天然气开发的油气层物理 分析、油气田(藏)描述及评价、油 气田开发方案设计、油气田开发 管理、油气田开发经济分析评价、 海上油气田开发方案设计领域	中国石油化工股份 有限公司石油勘探 开发研究院
TC 355/SC 7	石油天然气/ 采油采气工程	采油采气工程方案设计、采油采 气工艺、注水注气工艺、油气层措 施工工艺、修井工艺领域	中国石油集团大港 油田集团钻采工艺 研究院
TC 355/SC 8	石油天然气/ 油气储运	油气管道输送系统(包括储罐、 站、库)的投产、运行、维护;在用 油气管道系统的检测、完整性管 理及维修领域	中国石油天然气股 份有限公司管道分 公司管道科技研究 中心

委员会	名称	负责专业范围	秘书处所在单位
TC 355/SC 9	石油天然气/石油专用管材	石油和天然气工程专用油气输送管、油井管、非金属及复合材料管及其连接件的产品及方法领域	中国石油集团石油管工程技术研究院
TC 355/SC 10	石油天然气/油气计量及分析方法	石油、天然气、稳定轻烃计量方法,油气田及管道计量工艺,石油、稳定轻烃、油气田液化石油气分析测试方法领域	中国石油天然气股份有限公司计量测试研究所
TC 355/SC 11	石油天然气/油气田节能节水	油气田及油气输送管道的节能节水技术及方法领域	中国石油天然气集团公司石油工程节能技术研究开发中心

（2）全国天然气标准化技术委员会

全国天然气标准化技术委员会（SAC/TC 244）成立于 1999 年,是国家标准化管理委员会批准成立并领导的。在天然气专业领域内,是从事从井口到用户全过程的天然气及天然气代用品的标准化工作的全国性技术组织,负责天然气专业领域内标准化技术,承担国际标准化组织天然气技术委员会（ISO/TC 193）对口的标准化技术工作。全国天然气标准化技术委员会下设"天然气能量的测定"（WG 2）和"天然气上游领域"（WG 3）两个标准技术工作组,分别负责开展天然气能量测定技术领域与天然气从井口到长输管道之间的取样、分析测试和测量的相关标准研究及标准制修订工作。能量测定工作组成立于 2003 年 8 月,上游领域工作组成立于 2010 年 11 月。全国天然气标准化技术委员会于 2000 年成立液化天然气标准技术工作组（WG 1）,于 2009年成为液化天然气分技术委员会,和 SAC/TC 355 一样,SAC/TC 244 秘书处承担单位也为中国石油西南油气田公司,该公司是中国石油 1999 年改组而成,主要负责四川、西昌盆地油气勘探开发、管网集输和终端销售,以及中国石油阿姆河项目天然气采输及净化生产作业,是我国天然气工业的奠基者。公司所在地四川盆地天然气资源丰富,是世界上最早开采利用天然气的地方,也是新中国天然气工业的摇篮。

2. 国外概况

(1)欧洲标准化委员会

CEN/TC 234 天然气基础设施技术委员会,主要负责天然气基础设施领域功能要求的标准化技术工作,包括从向陆上传输网络输入天然气到燃气器具的入口连接;确定和协调其他机构处理的技术工作中的天然气基础设施问题是否向行业论坛天然气基础设施报告。

CEN/TC 235 输配气用气体压力调节器及相关安全装置技术委员会主要负责压力达 100 巴的气体输送和分配用气体压力调节器和相关安全装置的结构、性能、试验和标记要求的标准化技术工作。

CEN/TC 282 液化天然气装置和设备技术委员会主要负责制定和维护液化天然气生产、运输、转移、储存、再气化和使用的装置、设备和程序领域的标准,同时协调处理液化天然气的其他技术委员会的工作。标准化涵盖了从相关天然气/液化天然气设施的入口到出口的供应链,并包括其陆上和海上选址。CEN/TC 282 在处理低温设备的技术委员会的技术工作中进一步协调有关液化天然气的问题。

为了更清晰地表示欧洲标准化委员会中有关石油天然气标准化技术组织结构,将 TC 名称、工作范围、秘书处等做了相应统计处理如表 10 所示。

表 10　CEN 相关技术委员会及项目委员会

委员会	工作组	名称	范围	秘书处承担国（组织）
TC 234 天然气基础设施	CEN/TC 234/ WG 1	Gas installations 天然气装置	从供气系统输送气体到燃气器具入口连接处的管道系统的功能要求	法国 （AFNOR）
	CEN/TC 234/ WG 2	Gas supply systems up to and including 16 帕 and pressure testing 16 帕及以下的气体供应系统	从调压站出口到气体输送点，压力高达 16 帕（含 16 帕）的气体供应系统的功能建议	英国 （BSI）
	CEN/TC 234/ WG 3	Gas transportation 输气	输气管道的功能要求涉及管道系统的设计、材料、施工、测试、调试、运行和维护。一般情况下，输气管道的平均压力超过 16 帕	荷兰 （NEN）
	CEN/TC 234/ WG 4	Gas underground storage 地下储气	地下储气库的功能要求	法国 （AFNOR）
	CEN/TC 234/ WG 5	Gas measuring 气体测量	气体计量系统的功能要求，包括天然气转换为能量和流速超过 100 立方米/时	德国 （DIN）
	CEN/TC 234/ WG 6	Gas pressure regulation 燃气压力调节	入口压力不超过 100 帕（含 100 帕）的气体压力调节系统的功能要求	德国 （DIN）

续表

委员会	工作组	名称	范围	秘书处承担国/组织
TC 234 天然气基础设施	CEN/TC 234/ WG 7	Gas compression 气体压缩	发布输气系统中气体压缩机站的设计、建造、运行、维护和处置最低规定	德国 (DIN)
	CEN/TC 234/ WG 8	Industrial piping 工业管道	工业管道	荷兰 (NEN)
	CEN/TC 234/ WG 10	Service lines 服务项目	服务项目	美国 (ANSI)
	CEN/TC 234/ WG 11	Gas quality 气体质量	气体质量	德国 (DIN)
	CEN/TC 234/ WG 12	Safety and integrity management 安全和诚信管理	天然气基础设施的技术安全和完整性管理要求的定义,包括符合欧共体 M/526 的气候变化方面	荷兰 (NEN)
TC 235 输配气用气体压力调节器及相关安全装置	CEN/TC 235/ WG 1	Safety shut-off devices, safety relief devices and small regulators with or without safety devices used in gas transmission and/or distribution 气体输送和/或分配中使用的带或不带安全装置的安全关闭装置、安全泄压装置和小型调节器	目前,完成了与气体压力调节器相关的安全关断/泄压/蠕变装置以及在气体输送和/或分配中使用或不使用安全装置的小型调节器的建议草案	意大利 (UNI)
TC 282 液化天然气装置和设备	CEN/TC 282/ WG 1	EN 1474-2 update with the recent European technology EN 1474-2 采用最新的欧洲技术进行更新	EN 1474-2 采用最新的欧洲技术进行更新	—
	CEN/TC 282/ WG 5	Design of onshore installations 陆上设施的设计	陆上设施的设计	德国 (DIN)

（2）美国石油协会

美国石油协会的标准化委员会是美国工业主要的贸易促进组织,同时又是一个集石油勘探、开发、储运、销售于一体的行业协会性质的非营利机构。第一次世界大战期间,美国国会同油气工业界一起支持战争。最初是在美国商会下面设立了国家石油战事委员会,后来成为一个半政府性质的组织。石油工业为战争提供燃料不仅显现出石油工业对国家的重要性,也表现出石油工业对社会的责任。第一次世界大战后,美国开始建立一个能够代表整个石油工业的国家协会。美国石油协会成立于 1919 年 3 月 20 日,总部设在华盛顿。美国石油协会为石油工业各部门提供了一个论坛,以推动国家政策目标的实现以及提高石油工业的效益。作为一个主要的研究协会,美国石油协会组织和开展了石油工业方面的科学、技术和经济研究。美国石油协会的活动领域主要有标准化、统计和税收三个领域。其中,美国石油协会标准的制定和修订是一项重要工作。

美国石油协会由小组委员会和任务组组成,任务组由制定美国石油协会标准的行业专家组成。这些小组确定需求,然后开发、批准、修订标准和其他技术出版物。新项目必须有有效的业务和安全需求证明。标准编写小组委员会和任务组向受到标准影响较大的团体代表开放。其中包括石油和天然气公司、制造商和供应商、承包商和顾问,以及政府机构和学术界的代表。从 1925 年发布第一个标准,美国石油协会现在保留了 600 项标准,涵盖了石油和天然气的所有领域。

美国石油协会所制定的标准分勘探开发、海上作业、管道建设、销售、计量、炼制、健康、环境、安全、消防和电子数据几大类,分别由美国石油协会勘探开发部、工业服务部、炼油部和安全健康环保部归口管理(见表 11)。由于美国石油协会标准涉及石油工业的各个领域,具有全面性、系统性、领先性和权威性,因此在石油工业的标准化领域中长期居主导地位,在世界各地广泛使用。美国联邦和各州的法律和规章也长期参照美国石油协会标准,并逐渐被国际标准化组织所采用。美国石油协会的标准以 3 种形式呈现:规范(specification)、操作规程建议(recommended practice)和标准(standard)。

表 11　美国石油协会各委员会及概况

委员会	分委员会
Committee on standardization of oilfield equipment and materials 油田设备和材料标准化委员会	Production equipment 生产设备
	Drilling standards 钻井标准
	Offshore/Subsea standards 海上/水下标准
	Completion equipment 完井设备
	Supply chain management 供应链管理
	Quality standards 质量标准
Committee on petroleum measurement 石油测量标准化委员会	Evaporative loss estimations 蒸发损失估算
Liquefied natural gas installations and equipment 液化天然气装置和设备	Gas fluid measurement 气体流体测量
	Liquid measurement 液体测量
	Measurement accountability 测量责任
	Measurement quality 测量质量
	Production measurement and allocation 生产测量和分配
	Measurement education and training 测量教育和培训

续表

委员会	分委员会
Committee on refinery equipment 炼油设备标准化委员会	Corrosion and materials 腐蚀和材料
	Heat transfer equipment 传热设备
	Piping and valves 管道和阀门
	Inspection 检查
	Instruments and control systems 仪器和控制系统
	Committee on refinery equipment 炼油设备委员会
	Mechanical equipment 机械设备
	Pressure vessels and tanks 压力容器和储罐
	Electrical equipment 电气设备
	Pressure relieving equipment 减压设备
	Process safety 过程安全
	Safety and fire protection 安全和消防

（二）国内外比较

国内石油和天然气标准化技术组织的建设和标准制定情况能够反映相关领域国际标准化的潜力,通过与美国、欧盟在石油和天然气领域标准化技术组织建设和标准制定情况的比较,可以认识到存在的差距和探寻影响国内石油和天然气领域国际标准化发展的因素。

通过比较发现(见表 12、图 3),美国石油协会标准化技术组织建设相对全面,共建有 28 个标准化技术组织,而欧洲标准化委员会石油和天然气领域标准化技术组织共建有 17 个,我国石油标准化委员会天然气领域标准化技术组织共建有 16 个。

表 12　中国与欧美石油标准化委员会天然气领域标准化技术组织情况统计

单位:个

国家(地区)	技术委员会	分技术委员会	工作组	合计
中国	2	11	3	16
美国	4	24	0	28
欧洲	3	0	14	17

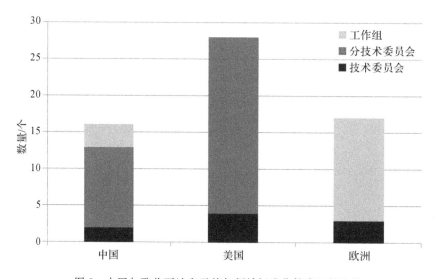

图 3　中国与欧美石油和天然气领域标准化技术组织比较

通过对已经发布的标准议题比较(见图 4)发现,美国石油协会标准议题主要集中在储罐测量、系统设备规范、石油天然气工业方面,欧洲标准化委员会标准议题主要集中在储罐测量、石油产品测定和系统设备规范方面,而我国要集中在石油和天然气工业、天然气测定。欧洲标准化委员会标准议题相对美国和中国来说更贴近于国际标准化组织的。国际标准化组织标准议题主要集中在石油产品测定和储罐测量。

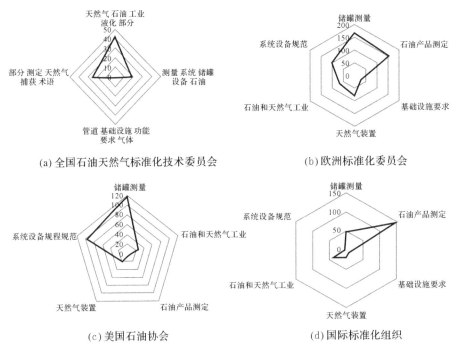

(a) 全国石油天然气标准化技术委员会　　(b) 欧洲标准化委员会

(c) 美国石油协会　　(d) 国际标准化组织

图4　标准话语议题比较

(三)国际标准化对策建议

　　通过我国与美国石油协会和欧洲标准化委员会在石油和天然气领域标准化平台和议题方面的比较,可以得出,我国石油和天然气领域标准化技术组织在数量和结构方面存在不足。在标准话语议题设置方面,与国际标准话语议题差别较大。根据以上内容综合分析,可以进一步得出制约我国石油和天然气领域国际化标准的因素主要有标准话语平台建设数量不足和质量不高,话语议题设置能力还比较弱,偏离国际主要议题,因此我国要提升国际标准话语权,就必须密切跟踪美国、欧洲等国际标准话语平台建设动态,加强和完善国内石油和天然气行业国际标准话语平台建设。另外,标准话语议题设置既要立足国内需要,使自身技术优势转化为国际标准,还要加强重点领域的研发能力,时刻关注美国、欧洲在石油和天然气领域的主要议题,逐渐提升自身在标准话语议题方面的设置和控制能力。

国际标准化本质上是一个话语权的争夺问题,直接关系到相关产业链话语权与定价权的竞争。国际标准话语权的提升对我国石油行业实现国际化、持续提高竞争力具有重要的推动作用。在全球化视野下,对于那些没有参加国际标准制定工作、没能掌握技术标准相关的核心技术的企业组织,如果它们想要进入技术标准相关的产业链必然要付出相应的代价。因此,我国石油行业的技术创新领域应是国际标准化和提升国际标准话语权的重点领域。

科学技术是国际话语权背后的支撑力量,掌握先进科技的企业在国际竞争中必然处于优势地位。企业追求国际标准话语权,目的就是获得"话语权"。技术专利化、专利标准化、标准国际化已经成为许多创新型企业国际化的必由之路。具有专利的核心技术标准国际化是企业争夺相关产业话语权的过程,它可以提高企业对相关产业链的控制力和在整个行业中的持续竞争力。

附录2　标准国际话语权提升的影响因素
——基于扎根理论的多案例探索①
顾兴全　危　浩

[摘要]本文运用文献研究和扎根理论研究,识别了影响标准国际话语权提升的因素,探讨了国际标准化产生的效益。在此基础上构建了标准国际话语权影响因素模型,发现国际标准化的主要驱动力来自市场、技术和行业发展,标准制定的发起者带有明显的获取利益动机,但国际标准化的效益不仅反映在标准制定的发起者或主导者,而且反映在国家和行业发展方面;并且成员国承担技术委员会秘书处工作对其国际标准议题的选择和议程的控制均有正面积极的影响。文章从国际话语权视角将"标准提案"和"标准制定过程"扩展为"国际标准话语议题"和"国际标准话语议程",以此来解释为何成员国要积极将自己的技术优势转化成国际标准,为揭示国际标准制定权竞争的本质提供了新视角和新方向。

[关键词]国际话语权;标准提案;标准制定过程;竞争优势;扎根理论

标准作为经济社会活动的技术依据、国际竞争最重要的话语体系之一、世界的通用语言,在降低贸易成本、促进技术创新、增进沟通互信等方面发挥着不可替代的作用。但是,标准从不中立,反映了制定者的优势和创新点,不参

①　顾兴全,危浩.标准国际话语权提升的影响因素——基于扎根理论的多案例探索[J].社会科学家,2022(5):80-87.
　　附录2中的"标准国际话语权"与正文中的"国际标准话语权"含义相同。"标准国际话语权"是指中国标准转化为国际标准方面的话语权。国际话语权争夺日益成为国际竞争的重要方面。提升中国标准在全球的话语权是提升中国国际话语权的重要方面。

与标准化意味着将话语权拱手让给竞争对手。国际话语权尤其是标准制定话语权的掌握对一个国家的产业的国际市场竞争和价值分配至关重要。标准竞争的胜利者可以在相当长时期内控制相关技术发展方向和市场创新方向,对国际市场产生广泛的控制力和行业领导力。标准国际话语权的提升对于推动中国产品和服务"走出去",具有重要意义。

提升我国标准国际话语权的前提在于辨识标准国际话语权提升影响因素。虽然已有学者对标准国际话语权提升问题进行了一些研究,但是多数研究缺乏系统的理论指导,研究内容大多简单而不够深入,尤其缺乏针对标准国际话语权影响因素的研究。鉴于此,本研究基于对 14 个国际标准化案例的访谈调查,应用扎根理论研究方法,科学编码原始资料,进一步探讨影响标准国际话语权提升的因素。

一、文献述评

权力是一部分群体对另一部分群体造成他们所预期影响的能力。法国著名思想家福柯最早提出了"话语权"的概念,并提出了著名的"话语即权力"的命题。话语权概念自诞生以来就被广泛运用于解释和观察国际关系中的具体问题。

在高技术时代,标准战(standard war)将会变得越来越常见,一个企业将其企业标准上升为行业的统一标准是其技术实力的具体体现,是决定这个企业长期竞争地位和赢得竞争优势的关键。制定标准对于企业的影响无疑是巨大的,一旦标准被市场所接受,企业就获得了赢得国内国际市场的强大武器。在这个背景下,越来越多的企业将标准之争看作话语权的竞争,谁掌握了标准,就意味着率先拿到了市场的入场券,进而从中获取巨大的经济利益,甚至成为未来行业发展的定义者。

标准竞争通常在新产品与老产品之间更容易发生。当新产品进入市场,技术体系与老产品不兼容从而引起新老标准之间的冲突。但是,标准竞争的获胜者将获得赢者通吃的机会(winner-take-all),从而建立起巨大的市场优势。各国已经把将本国标准上升为国际标准作为维护国家经济安全、提升本国企业国际竞争力的重要手段。由于标准制定背后牵扯着巨大利益,各方通常会围绕标准制定的多个方面和细节展开博弈。

随着全球化的发展,单个产品之间的差异化竞争逐步演变成所在行业的标准竞争,控制或影响标准的制修订成为市场竞争的新焦点,标准竞争优势是一个国家(地区)在国际市场竞争中获得更多利益的重要基础;国际标准的制定权决定了相关产业的主导权,最终内化为一国的竞争优势,因此欧美等发达国家或地区纷纷将科技先发优势转化为标准优势,将标准战略作为提高综合优势的核心战略。

我国提高标准国际话语权需要多维发力,多领域综合提升。从世界范围来看,谁掌握了标准谁就掌握了现在和未来,谁掌握了标准谁就掌握了国际竞争的话语权。然而,标准国际话语权不仅取决于其拥有的资源,更有赖于对现有资源充分运用的能力,国际标准话语议题选择与议程控制能力无疑是一国标准国际话语权的重要内涵。各国针对国际话语权而展开的竞争,实质上是国际规则制定中的话语权竞争。

当我国标准为国际所认同和接受,我国企业参与海外竞争的空间和地位会得到明显改善,我国企业在产业链上能占据更有利的地位。装备制造"走出去"已成为中国制造提质增效和实体经济转型升级的核心动力之一。国际标准化有助于推动我国装备制造"走出去",不仅能促进海外市场扩张与价格提升,还能促进上下游装备制造业的出口联动。

本研究运用扎根理论研究方法,系统识别影响标准国际话语权的关键因素,并深入探讨各因素的连接作用机理,构建标准国际话语权的影响因素模型,深入解析我国标准国际话语权提升路径。研究旨在为提升标准国际话语权、推动中国产品和服务"走出去"、积极应对标准国际话语权竞夺提供有益参考。

二、方法选择与数据分析

（一）理论方法

扎根理论是一种质性研究方法，重点在发现逻辑，旨在经验资料的基础上建立理论。扎根理论的核心是对资料的收集与编码，编码过程主要分为开放编码、主轴编码和选择编码，通过理论抽样后得出研究结论。目前，针对标准国际话语权影响因素，以及各因素之间的连接作用机理的研究相当缺乏。哪些因素制约着我国标准国际话语权的提升仍有待进一步发现和挖掘，这是一个发现逻辑的过程。同时，本研究的主要数据来源于 14 个国际标准化案例，适合进行小规模的质性分析。因此，本研究选择扎根理论方法，并使用质性分析 Nvivo 软件进行整理、编码和分析案例访谈调查资料。

（二）数据采集

本研究数据来源于深度访谈，被访者是国内承担国际标准化组织、国际电工委员会的技术组织秘书处工作和曾成功主导制定国际标准的单位代表，通过引导被访者讲述国际标准化的经历，最后我们整理出 14 个有效案例，有效访谈累计 475 分钟，每个访谈平均 34 分钟。梳理出逐字稿约 10 万字，每个访谈的逐字稿约 0.72 万字。为获得编码所需经验概念，本研究还以"国际话语权"为主题检索词，在中国期刊库中抓取 687 篇文献，进而建立标准国际话语权核心概念体系，以获取编码所需经验概念。

（三）数据分析

1. 经验概念

利用 Python 等软件工具，从 687 篇以"国际话语权"为主题的文献中提取高频特征词 76 个（共现次数为 1 次以上的），构建共现矩阵。再用 Ucinet 和 Netdraw 软件，形成国际话语权核心概念网络系统。基于国际话语权核心概念网络系统，结合相关文献研究，可将影响国际话语权提升的因素初步分类为：硬实力（硬实力、实力、力量）、软实力（话语体系、软实力、文化软实力、国家软实力、影响力、国际影响力、中华文化、文化自信等）、话语平台（西方媒体、中国媒介、主流媒体）、传播能力（对外传播、国际传播、国际传播能力建设、国际传播能力等）、议程设置（议程设置等）、话题（故事、中国故事、中国方案、国际舆论等）等。同时，在概念网络系统中也可以看出，当今我国国际话语权的主要竞争者是欧美发达国家。

2. 开放编码

开放编码是对原始资料的首次整理，利用经验概念，通过对访谈资料进行逐行、逐句编码和命名，将原生编码概念化，用相关概念来反映资料的内容，最终将初始概念进行重新组合，使其进一步范畴化。利用 76 个经验概念和类属对 575 条原始语句进行编码，剔除重复和无效概念后得到 31 个有效概念和 7 个范畴。

3. 主轴编码

开放编码得到的范畴化概念彼此之间是相互独立、没有联系的。基于此，主轴编码通过对范畴化概念的进一步提炼和反思，找出关联关系，以此将不同类属的范畴联系起来进行归类，使得原始数据资料的分析结果具有逻辑性。通过对概念的深度凝练和高度抽象化得到 7 个主范畴：国际标准化动因、国际标准话语议题（提案）选择、国际标准制定过程（议程）控制、国际标准话语平台（技术委员会）掌握、技术因素、再次意愿、国际标准化后评价。各个主范畴、对应的开放编码范畴及其所涉及的内涵如表 1 所示。

表 1　主范畴和对应范畴

主范畴	对应范畴	范畴的内涵
国际标准化动因	市场驱动	企业主导或参与制定国际标准是为了扩大国际市场、追求标准可能会带来的利润和收益
	技术差异	国家间的技术差异是产生贸易流的主要源头,而技术标准水平的差异直接影响到技术性贸易壁垒的形成和消除
	产业发展	国际标准的制定一方面可刺激国际上相关产业加快技术创新速度,提高配套产品的技术水平、质量等,进而带动整个产业乃至上下游相关产业的发展;另一方面企业的技术成为国际标准可推动产业发展并获取垄断利润
国际标准话语议题(提案)选择	技术比较优势	具有技术优势的企业将专利技术纳入标准,通过标准的推广使用占据市场主导地位,可在相当长的时期内对某一产业或相关产业技术标准进行控制,并锁定顾客群体
	依据可靠性	国际标准草案应该反映市场需求和现实的技术水平
	提案必要性	具有国际通用性,在国际贸易或技术交流中有所应用;目前没有相应的国际标准或相关的国际标准没有涵盖这方面内容;能够引起其他相关国家的兴趣
	成员参与度	在 16 个或以下 P 成员的委员会至少要有 4 个 P 成员承诺参加,在 17 个或以上 P 成员的委员会至少要有 5 个 P 成员承诺参加
	秘书处影响	技术委员会负责对每个预研工作项目的市场相关性和所需要的资源进行评价
	相关方利益平衡	形成技术标准的过程同时也是技术平衡与妥协的过程。参加投票的技术委员会或分委员会 P 成员的 2/3 投票赞成,新项目才可纳入工作计划

续表

主范畴	对应范畴	范畴的内涵
国际标准制定过程（议程）控制	程序规范	要依据国际标准化的程序要求，分阶段实现协商一致，最终形成标准
	过程效率	标准制定每个阶段的任务完成都有相应的时间限制
	沟通和表达能力	技术内容的协商一致需要充分表达自身的利益诉求和进行反复沟通协调
	共同体评价	当产生争论时通过试验等方式由共同体评价，最终达成共识，实现协商一致
	技术方案博弈	核心技术内容需要在工作组内达成一致意见，对个别技术内容的分歧要反复沟通协调。协商的过程是解决技术争论的过程，在这一过程中各利益相关方的利益被转译为技术，在工作组的讨论环境中被参与者所表达
	秘书处因素	工作组由技术委员会或分委员会负责建立，技术委员会或分委员会负责确定工作组的任务，并确定向技术委员会或分委员会提交草案的目标日期
	关系质量	与成员国代表建立良好的工作关系，可提高沟通效率和过程质量
国际标准话语平台（技术委员会）掌握	综合国力	一国的经济实力和科技实力是承担技术委员会工作的基本要素
	政策导向	国内标准化战略和行业扶持政策直接决定了国家在该领域的投入力度和国际影响力
	技术优势	技术优势的国际标准化会带来明显的外部性和网络效应。技术标准的更新速度在一定程度反映了行业对本国参与技术委员会竞夺的响应程度
	市场规模	市场规模和发展潜力不仅为技术标准的实施和扩散提供了绝佳环境，也是国家承担技术委员会工作的有力筹码

续表

主范畴	对应范畴	范畴的内涵
国际标准话语平台（技术委员会）掌握	研发能力	企业的创新能力将有助于提升新技术标准的先进性和效用,从而在技术委员会工作的承担上有比较优势。制造能力是创新技术标准产业化的关键环节,在一定程度上加强该国在技术委员上的竞争优势
	交流沟通	与国内外技术专家紧密沟通和交流,可争取多方面支持
技术因素	合法性	标准技术内容要依据有关文件、科研成果、积累的经验、教训等方面而确立
	难易程度	标准技术内容的提出与现有标准技术操作的烦琐和困难程度密切相关
	差异性	各国技术发展程度差异会带来标准应用时遇到的问题。新标准技术内容涉及新旧标准的对比和新标准技术内容确定依据
	可证实程度	标准技术应该是稳定可靠的,在不同国家均可得到证实
再次意愿	主导意愿	再次主导制定国际标准的意愿程度
	参与意愿	再次参与国际标准化活动的意愿程度
国际标准化后评价	结果评价	对国家、行业和企业竞争力提升的影响
	过程评价	标准的提出、技术博弈、沟通协调等方面的经验分享和自我反思

4. 选择性编码

通过主轴译码得到相互影响、相互作用的主范畴,而选择性编码主要是选择核心范畴,即影响标准国际话语权提升的核心因素,将其系统地和其他非核心范畴进行联系。通过深入分析,将 7 个主范畴归为国际标准话语平台、国际标准提案、国际标准制定过程三大核心范畴。各主范畴的典型关系结构及其内涵如表 2 所示。

表 2　主范畴的典型关系结构

典型关系结构	关系结构的内涵
国际标准化动因——国际标准提案	国际标准化动因是提出国际标准提案的前置因素,是主导制定国际标准的外部促动因素
国际标准提案——国际标准制定过程	国际标准提案是制定国际标准的前置因素,国际标准提案成功立项是开展国际标准制定的前提条件
国际标准提案——国际标准制定过程 ↑ 国际标准话语平台	标准化技术组织对国际标准提案立项和标准制定程序控制都产生积极影响。综合国力等是决定一国掌控国际标准话语平台的根本因素。而国际标准话语平台对国际标准议题的选择和议程的控制产生正面影响
技术内容 ↓ 国际标准提案——国际标准制定过程	技术是国际标准化的核心内容。无论是国际标准提案的立项还是标准的制定,其核心是各国代表通过对具体的技术问题进行协商,最终达成一致。协商的过程就是解决技术争论的过程。在这个过程中,各相关方的利益被转译为技术,在工作组的讨论环境中被参与者所表达。当产生争论时,通过试验等方式达成共识,实现协商一致
国际标准制定过程——再次意愿	在国际标准制定过程中的体会会影响人们最终对国际标准化的评价。通常,负面的过程体验引发人们更多的自我反思,而积极的过程体验则会增加人们对于国际标准化的正面评价

5. 饱和度检验

饱和度检验用来决定何时终止采样分析编码,只有当采样的数据不会再产生新的理论且不能再揭示核心范畴中新的属性时,才能认定为是"饱和"的。因此,本研究对被访者的回答编码进行随机抽取,发现没有形成新的范畴,理论饱和度检验通过。

三、研究结果与发现

标准国际话语权影响因素主要反映在国际标准话语平台掌握、国际标准话语议题选择和国际标准议程控制三个方面。通过开放式访谈、类属建立和分析类属之间的关系,本研究最终确定了标准国际话语权的影响因素及其作用机制,具体内容包括:国际标准话语平台掌握权中的综合国力、政策导向、技术优势、市场规模、研发能力、沟通能力;国际标准话语议题选择权中的国际标准提案、标准技术内容选择;国际标准议程控制权中的程序规范、过程效率、沟通和表达能力、共同体评价、技术方案博弈、关系质量等。综合国力是基础性因素,直接决定着标准国际话语权;国际标准话语平台掌握权会对国际标准话语议题选择权和国际标准议程控制权产生间接影响。根据上述逻辑,本研究构建和提出标准国际话语权影响因素模型,如图1所示。

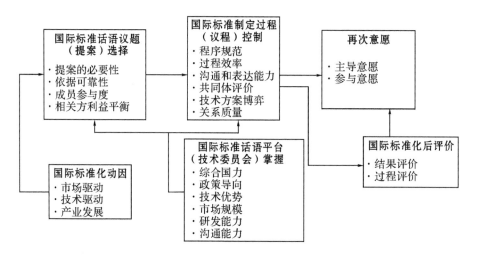

图1 标准国际话语权影响因素模型

（一）国际标准话语平台掌握权

国际标准话语平台的构建要充分重视传播手段和技巧。借助国际标准化活动将中国方案扩散到其他国家,不断扩大中国标准话语的影响力。国际标准化传播平台是增强标准国际话语权的基础工具。

国际标准话语平台主要包括技术委员会、分技术委员会。承担技术委员会、分技术委员会等秘书处工作有利于主导和控制新技术标准的制定,将国内标准变为国际标准,进而提高本国企业产品和服务的国际竞争力,对于掌握国际标准制定权和参与国际标准化活动有正面影响。

对核心范畴及主范畴之间关联关系的研究显示,影响国际标准话语平台权的因素有综合国力和政策导向、技术优势和市场规模、研发能力和沟通能力等。

1. 综合国力和政策导向因素

综合国力和政策导向是宏观因素。国家的综合国力和发展水平在掌握国际标准制定权中扮演非常重要的角色。其中,国际地位涉及经济实力和科技实力,国内政策涉及国内标准化战略和国内产业扶持政策。一国的经济实力和科技实力是竞夺技术委员会和掌握国际标准话语平台的基本要素,这关系各项研究项目的顺利开展。同时国内标准化战略和产业扶持政策也非常重要,这直接决定了国家在竞夺方面的投入力度和相应的政策导向。发达国家凭借先进的技术、强大的资本提升综合国力以此掌握国际标准话语平台和占据国际标准的制定权,将本国技术渗透到各个国家,从而掌握国际标准的主导权,进而提升本国在国际上的话语权。综合国力的提升和企业的国际标准化活动水平会对技术标准化过程和结果产生不同程度的影响,而企业的产品开发、企业间合作、国际贸易、竞争优势等的提升又有效地促进综合国力的提升,进而对本国掌握国际标准制定权产生影响。另外,借助国际标准话语平台将本国技术优势转化为国际标准,成为产业发展的秩序和规则,会影响一个行业的发展水平,甚至一个国家的综合国力。

2. 技术优势和市场规模

技术优势和市场规模是中观因素。在经济全球化条件下,国际标准作为创新技术产业化、市场化的关键环节,成为抢占经济、科技竞争制高点的重要环节,而产业发展优势对于一个国家掌握国际标准制定权具有积极影响。行业的支持涉及技术标准的更新速度和产品更新速度,更新速度也一定程度反映了行业对本国参与技术委员会竞夺的响应程度。一个国家的市场规模越大,对该国参与技术委员会竞夺的影响也就越大。较大的市场规模和发展潜力不仅为本土技术标准的实施和扩散提供了绝佳环境,也是国家竞夺技术委员会的有力筹码。另外,技术委员会秘书处承担单位要发挥技术领域或行业领域国际标准化工作的纽带和平台作用。真正做到国内国际工作的一体化,最为关键的还是要积极参与技术工作,只有通过秘书处承担单位将本国技术转化为国际标准,才能真正掌握产业发展的话语权,才能改善中国产品和服务国际市场竞争的空间和地位,推动产品和服务"走出去"。

3. 研发能力和沟通能力

研发和沟通能力是微观因素。研发能力主要指创新能力和制造能力。创新能力是国家在技术委员会竞夺的重要资源,也是企业核心能力的体现,更是企业未来获得高额利润的根本来源。企业的创新能力将有助于提升新技术标准的先进性和效用,从而在技术委员会的竞夺上有比较优势。制造能力是创新技术标准产业化的关键环节,是实现从实验室成果向商品转换的桥梁。通过创新实现产业化关键环节的突破,以提高产品性能并降低制造成本,也能够在一定程度上加强该国在技术委员上的竞夺优势。同时,还要与国内外技术专家紧密沟通,打造国内外专家交流平台,争取多方面支持,使得国内国际相互促进,稳固我国在该领域的地位,保证我国在该领域的话语权。

(二)国际标准话语议题选择权

国际标准话语议题选择权有赖于对现有资源的充分运用能力,国际标准话语议题选择是影响标准国际话语权的重要因素。

对核心范畴及主范畴之间关联关系的研究显示,影响国际标准话语议题选择的因素有标准提案、标准技术内容等因素。

1. 国际标准提案

国际标准化首先要在国际标准组织相关技术组织提交一份新标准提案。国际标准提案议题应充分考虑需求方市场所具有的潜力,着力于扩大本国产品在国际市场上的份额。另外,国际标准的提出应有助于显著解决信息不完全导致的逆向选择问题和扩大国际贸易的规模。国际标准提案涉及现有标准存在的问题和新标准提案的内容。现有标准存在的问题又包括现有标准实施的烦琐和困难程度,以及各国发展差异推动的标准适用问题。新标准提案内容涉及新旧标准的对比和提案确定依据。新旧标准的对比可以表明新标准在哪些方面比旧标准更有优势,例如可以推动经济增长,提高劳动生产率,促进社会发展。提案标准内容要根据有关文件、科研成果、积累的经验、教训等方面确立,从而更好地指导有关生产和实践。

2. 标准技术内容选择

技术优势是获取国际标准制定话语权不可缺少的重要因素,将自身优势技术渗透到国际标准制定过程中,有利于提出方持续占领市场和积累财富。技术优势的国际标准化带来明显的外部性和网络效应,可占领更大的市场份额和巩固竞争优势,进而实现收入增长。同时,技术标准化作为一种选择机制,将使企业沿着由标准确立的技术轨道积累技术能力,形成新的技术优势。标准实施效果是最能直接反映国际标准技术内容选择的因素之一,同时实施效果在很大程度上反作用于国际标准技术内容的选择。实施效果主要由成效显著度反映,成效显著度包括标准实施的效益性和标准实施的效率性。只有通过实施效果才能客观地对标准技术内容进行修改或调整。因此,在标准实施后能否给各个方面带来积极效果、提高劳动效率等,也是影响国际标准技术内容选择的重要因素。通过国际标准,将技术融入全球价值生产体系,以此来推动产业技术进步和倒逼产业的转型升级,促进产品质量的提高,引领整个产业的良性竞争和发展。

(三)国际标准议程控制权

对现有资源的充分运用能力,还反映在适时选择国际标准提案议程切入点。因此,对国际标准议程的把控能力也是影响标准国际话语权的重要因素。

标准制定过程要体现标准制定程序的规范性和标准内容的准确性以及可实施性。标准制定程序的规范性是影响所制定标准质量的重要因素之一。标准制定程序有其严格的规定,按照规定程序制定的标准可以避免一系列人为的、随意的因素对标准的客观效果产生影响,可以保证标准的制定更科学、更符合其自身规律。标准内容的准确性是标准制定过程中至关重要的一步,一定要通过相应的试验验证。可实施性是指标准的实施要科学合理。同时,在国际标准的制定过程中,与国外行业专家的技术沟通十分重要,通过沟通可以了解对方的想法和弥合双方在技术理解上的偏差。因此,选派行业领域内既精通技术又熟知国际标准制定规则的技术专家代表参与国际标准化活动,对于提高沟通效率和把控国际标准化议程有重要影响。

四、结论与启示

"得标准者,得天下。"提升标准国际话语权,是推动中国产品和服务"走出去"、应对国际贸易中技术性贸易壁垒的必然要求,也是促进技术创新、倒逼产业转型升级和推进经济高质量发展的重要途径。而且,随着我国标准化工作由国内驱动向国内国际相互促进转变,对推动我国标准国际话语权问题的研究就显得十分重要。本研究运用文献分析和深入访谈研究方法,从国际标准化成功案例出发,基于扎根理论三级编码的归纳分析,系统挖掘出标准国际话语权影响因素的类属,并深入剖析了各个因素如何联结共同影响标准国际话语权,构建了标准国际话语权影响因素模型。该模型以国际标准话语平台掌握、国际标准话语议题选择、国际标准议程控制三大核心范畴以及每个核心范畴影响标准国际话语权提升的核心要素为基础,回答了以下关键问题:国际标准化的动因有哪些? 影响国际标准话语议题选择的因素有哪些? 影响国际标准议程控制的因素有哪些? 影响国际标准话语平台掌握权的因素有哪些? 成功发起者如何评价国际标准化及再次发起的意愿如何?

(一)研究结论

主要的研究结论如下:(1)标准国际话语权的竞夺主要反映在国际标准话语平台掌握、国际标准话语议题选择和国际标准议程控制三个方面。作为标准国际话语权平台的国际标准化技术组织对国际标准话语议题的选择和议程的控制具有主导权。(2)标准技术内容是国际标准提案和标准制定过程中的聚焦对象,影响着国际标准提案和国际标准制定过程的关系强度。(3)在国际标准化后,标准发起者采用国际标准化程序或阶段进行国际标准化过程评价和结果评价,以及分享经验和反思不足,进一步强化了参与国际标准化活动的意愿。（4）标准发起者还可以把这些行之有效的方式和案例作为教育资料分发给新的标准发起者，或者通过设立"国际标准化案例大赛"，让那些多次主导制定国际标准的企业进行经验分享，促进经验的传播。

本研究的理论意义在于：以往关于标准国际话语权的研究，多是在文献分析的基础上概括总结而来，没有形成完整的体系架构，本研究基于扎根理论得出了标准国际话语权的影响因素，并建构了标准国际话语权影响因素模型，弥补了先前研究的不足，对相关理论的发展有一定的促进作用。

本研究的实践意义主要体现为：一是对于政策制定者，为其如何科学制定提升我国标准国际话语权政策提供了重要参考；二是对于企业市场主体，为如何成功竞夺标准国际话语权和实现自身利益的最大化指明了努力的方向。

（二）研究启示

本研究对国际标准化政策的制定者和国际标准化活动的参与者的启示有如下几点。

第一，明确标准国际话语权提升是国际标准化战略的核心任务，可强化国际标准化在国内国际双循环中的重要作用，推动国内市场和国际市场更好地联通、促进。重点从国际标准话语议题选择、议程控制和话语平台掌握三个方面入手，明确国际标准化战略目标任务。组织企业广泛参与国际标准化活动，鼓励具有技术优势和市场优势的企业主导制定国际标准。同步推进我国国家标准的中文版和英文版，提高国际标准的采用率和我国标准的国际一致化程度。围绕产业技术基础、高端装备制造、新产品、产业链、供应链等领域，推动国内国际标准化工作相互促进，发挥标准在国内国际市场和贸易的联通和桥梁作用。

第二，加强技术创新，筑牢标准国际话语权基础。以技术创新为牵引，推进技术专利化、专利标准化、国际标准化。实现科技创新、知识产权保护、国际标准化等相关政策的协同，增强国际标准化政策的系统性、协调性，为提升标准国际话语权提供政策支撑。全球竞争是以知识产权为核心的科技实力之争，各国市场利益的博弈最终都会转译成技术标准之争。加强关键技术领域、应用前景广阔技术领域的技术创新，同步建立技术专利化、专利标准化、标准国际化联动机制。加强标准制定过程中的知识产权保护,强化标准必要专利的商业和技术效果属性,提升我国在国际相关产业竞争中的话语权,同时实现自身利益的最大化。

第三,增强企业参与国际标准化活动的意愿,实施标准国际话语权提升人才工程。出台企业参与国际标准化活动的激励政策,建立国际标准化规划、建设和成效评估机制,优化资源配置,使企业愿意在国际标准化方面投入。以具有产业竞争优势的专业领域为载体,加快推进专业与标准化教育融合工程,造就一支熟练掌握国际规则、精通专业技术、懂管理和经营、具有较强语言沟通能力的国际标准化人才队伍,为提升我国标准国际话语权提供人才保障。

本研究也具有一定的局限性。一是运用扎根理论对提升标准国际话语权影响因素进行探索性研究,构建的模型可能存在主观性和片面性。二是由于构建的标准国际话语权影响因素模型是基于国际标准化成功案例发起者的访谈,经由质性研究得到。将自身优势技术作为议题国际化,技术的独有和共享能否持续维护发起者的利益目前尚未得到一致结论,未来的研究可以对此进行探讨。

参考文献

毕勋磊.技术标准的影响与形成的述评[J].技术经济与管理研究,2013(1):36-40.

陈树巧.主导制定国际标准程序解析[J].工程机械文摘,2016(9):58-60.

陈正良.软实力发展战略视阈下的中国国际话语权研究[M].北京:人民出版社,2016.

胡武婕.中国信息通信产业技术标准竞争与策略研究[D].北京:北京邮电大学,2010.

胡武婕,吕廷杰.技术标准竞争关键影响因素及其作用机理[J].现代电信科技,2009(10):38-44.

刘淑春.技术标准化、标准国际化与中国装备制造走出去[J].浙江社会科学,2018(8):16-26,155.

刘淑春,林汉川.标准化对中国装备制造"走出去"的影响:基于中国与"一带一路"沿线国家的双边贸易实证[J].国际贸易问题,2017(11):60-69.

罗慧芳.我国语言服务产业发展与对外贸易相互关系的实证研究[D].北京:中国地质大学,2018.

沈璐,庄贵军,郭茹.复杂型购买行为模式下的在线购买意愿:以网购汽车为例的网络论坛扎根研究[J].管理评论,2015,27(9):221-230.

孙吉胜.中国国际话语权的塑造与提升路径[J].世界经济与政治,2019(3):19-43.

孙吉胜.中国外交与国际话语权提升的思考[J].中国社会主义学院学报,2020(2):43-52.

汪斌,廖园园.国际标准竞争中产品兼容激励和政府行为研究[J].技术经济,2009,28(10):23-28.

王楠楠.标准走出去,话语权提上来[J].交通建设与管理,2011(11):48-51.

肖洋.西方科技霸权与中国标准国际化——工业革命 4.0 的视角[J].社会科学,2017(7):57-65.

张丽虹.技术标准对国际贸易影响的理论与实证研究[D].上海:上海社会科学院,2015.

张书卿.我国新闻出版业国际标准化工作的现状、趋势和热点分析[J].出版发行研究,2016(9):24-28.

张志洲.增强中国在国际规则制定中的话语权[N].人民日报,2017-02-17(7).

曾广颜."一带一路"让中国铁路标准"走出去"[J].理论视野,2017(6):67-68.

支树平.提升中国标准促进世界联通[N].人民日报,2015-10-14(13).

Duverger M. Political Parties:Their Organization and Activity in the Modern State [M]. New York:Taylor & Francis,1964.

Foucault M. The Archeology of Knowledge[M]. New York:Pantheon Books,1972.

Farrell J, Simcoe T. Choosing the rules for consensus standardization [J]. The RAND Journal of Economics,2012,43 (2):235-252.

Hill C. Establishing a standard:Compeitive strategy and technological standards in winner-take-all industries [J]. Academy of Management Executive,1997,11(2): 85-103.

Lee H, Oh S. The political economy of standards setting by newcomers: China's WAPI and South Korea's WIPI [J]. Telecom-munications Policy,2008,32(9):662-671.

Stango V. The economics of standards wars[J]. Review of Network Economics,2004,3(1):25-37.